《锦绣江南》

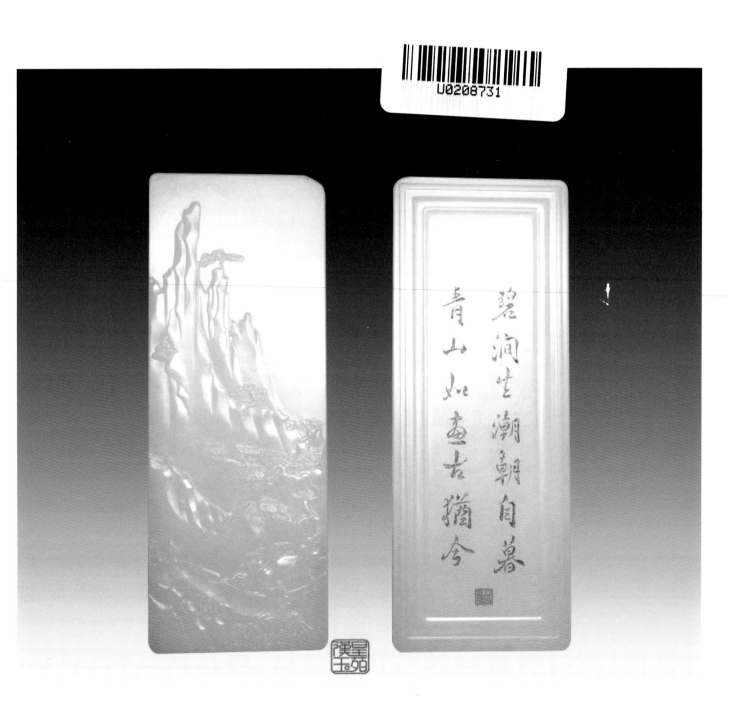

图书在版编目（CIP）数据

中国和田玉．总第 13 辑 / 池宝嘉主编．-- 北京：北京工艺美术出版社，2014.7
ISBN 978-7-5140-0538-7

Ⅰ．①中… Ⅱ．①池… Ⅲ．①玉石－鉴赏－和田县Ⅳ．① TS933.21

中国版本图书馆 CIP 数据核字 (2014) 第 140933 号

主办单位：新疆历代和阗玉博物馆

出 版 人：陈高潮
责任编辑：杨世君
责任印制：宋朝晖

中国和田玉 总第 13 辑

池宝嘉　主编

出版发行　北京工艺美术出版社
地　　址　北京市东城区和平里七区 16 号
邮　　编　100013
电　　话　（010）84255105（总编室）
　　　　　（010）64283627（编辑室）
　　　　　（010）64283671（发行部）
传　　真　（010）64280045/84255105
网　　址　www.gmcbs.cn
经　　销　全国新华书店
印　　刷　北京永诚印刷有限公司
开　　本　889mm×1194mm　1/16
印　　张　8.5
版　　次　2014 年 7 月第 1 版
印　　次　2014 年 7 月第 1 次印刷
书　　号　ISBN 978-7-5140-0538-7
定　　价　60.00 元

EDITOR'S VOICE

卷 首 语

中国的玉，是人类漫长的文明史中能够延续几千年之久而从未中断的罕见物质文化，它流传至今，成为中国人恒久信念、高尚圣洁、美好高贵的象征。

玉雕行业的盛大活动——中国玉（石）器"百花奖"，是检阅当代中国玉雕艺术发展成果的平台，也是一道亮丽的文化景观。十年来，玉器"百花奖"对促进了我国玉雕行业的发展功不可没。"本期视界"将从多个视角述及其对我国玉雕行业发展所做出的贡献，值得关注。

六朝古都北京，其玉雕技艺代表着中国玉雕历史上最高水准。"北京玉雕专题"带大家走近北京玉雕的古往今来，走近京城当代玉雕名家的艺术世界。

优质和田玉的珠宝首饰化，正在促进和田玉世界文化价值观的认同，是和田玉走向世界的重要途径。《和田玉高端珠宝首饰化》一文阐述了珠宝首饰的历史及发展过程，为我们在新时期深入了解和田玉文化价值，为和田玉走向世界开启新的认知。

《玉雕创新与著作权保护》《当代玉雕的"海派现象"》《为玉雕创作注入正能量》等文，启发我们继续关注玉雕创作与行业发展的热点和它的方方面面。

七月的中国，百花盛开，玉界如是。🀄

《中国和田玉》编辑部

2014 年 7 月

CHINA HOTAN JADE
中國和田玉

《中国和田玉》编辑部

编辑部主任 苏京魁

事业部主任 张蓓心

执行编辑 杨维娜

流程编辑 宋佳玲

美术设计 阿 枝

编辑部地址 北京市东长安街 33 号北京饭店中国珍品馆

邮编 100004

电话 010-85009669

邮箱 linlangyaji@163.com

新疆文稿中心 乌鲁木齐市北京中路 367 号新疆历代和阗玉博物

邮编 830013

电话 0991-3783953、6225520

邮箱 591000988@qq.com

网址 www.xjyushi.com

上海文稿中心 黄浦区陆家滨路 521 弄（阳光翠竹苑）3 号楼 103 室

邮编 200011

电话 021-63696660

网址 www.jinguyufang.com

江苏文稿中心 徐州市建国路户部商都 516 室

邮编 221000

电话 0516-82201915

邮箱 lwh005@126.com

安徽文稿中心 蚌埠市华夏尚都 A 区 7-2-402

邮编 233000

邮箱 yangshiwd@163.com

河南省镇平文稿中心 镇平县石佛寺国际玉城玉礼街 25 号天工美玉馆

邮编 484284

电话 15188205871

邮箱 80030065@qq.com

Contents

目录

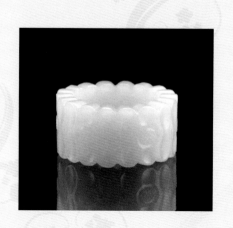

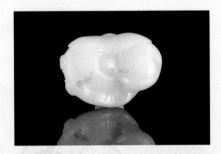

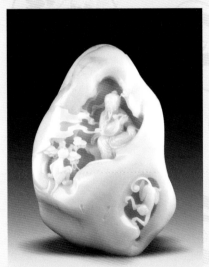

《 中 国 和 田 玉 》

国内权威专家领衔主导的玉界专业读物

熔专业性、大众性、可读性、指导性于一炉

本书采访调研广度涉及：

中国 8000 万名社会主流核心人群、100 万家玉界经营商和工厂作坊、3 亿名爱玉人士

本书采访调研深度融合以下数据：

世界各权威协会、学会的年度分析、国内各大玉（石）器市场的销售报表、新疆和田玉原料市场交易信息联盟交易行情

本书将发布：

· 和田玉艺术市场与收藏市场趋势与动态

· 和田玉界精英人物的专访与对话

· 中国玉雕大师与名家的最新作品

· 和田玉珍品创意与深度开发的思路技巧

国内外公开发行，各大城市、书店、机场均有销售。
欢迎订阅，欢迎来稿，欢迎邮购。

扫描二维码，关注新疆历代和阗玉博物馆官方微信。

JINRISHIJIE

今日视界

中国玉器"百花奖"
对玉雕行业发展的贡献

文/苏京魁

　　中国玉雕行业一年一度的盛事——中国玉（石）器百花奖，始于1981年由原国家经委、国家轻工业部批准设立的中国工艺美术百花奖。从2005年开始，单独设立中国玉（石）器百花奖，素有中国工艺美术和玉雕行业"奥斯卡"之称。其评选活动由中国轻工业联合会、中国轻工珠宝首饰中心、中国工艺美术学会玉文化专业委员会主办，是我国工艺美术和玉雕行业的最高奖项。每届"百花奖"都是年度中国玉雕行业的大巡礼，是检阅当代中国玉雕艺术发展成果的最好平台，也是充分反映我国文化艺术创作繁荣和国力鼎盛的一道耀眼的文化景观。活动开展十年来，对促进我国玉雕行业的发展功不可没。

中国玉器"百花奖"获奖作品

一、促进了玉雕艺术创作的大繁荣

中国玉（石）器百花奖是中国玉雕界唯一的国家级政府奖项，具有很高的权威性、极强的专业性和广阔的地域性，迄今已成功举办八届，累计获奖作品数以千计。秉承"三公"和"三严"（公平、公正、公道，严肃、严谨、严格）的评选原则和"传承、创新、发展，多样、和谐、繁荣"的理念，致力于出精品、出人才和当代玉雕艺术创作繁荣发展，使中国玉（石）器百花奖成为中国玉雕行业最具影响力的权威奖项，有力地促进了中国当代玉雕艺术创作的大繁荣、大发展。

伴随着中国经济的发展和文化产业的繁荣，玉雕行业发展也进入了黄金机遇期，在"百花奖"这个平台上，不仅老一辈玉雕艺术家焕发出艺术青春，精品力作层出不穷，还发现、扶持、培养了一大批才华横溢的优秀中青年玉雕艺术家，推动了我国玉雕人才队伍建设，增进了各流派之间的艺术交流，提升了中国当代玉雕创作水平，玉雕艺术创作呈现出"百花齐放，百花盛开"，争奇斗艳的繁荣局面。

作品是玉雕行业发展和艺术创作成果的见证，每一

中国轻工总会原会长陈士能、中国轻工珠宝首饰中心副主任张淑荣等领导点评玉器"百花奖"参评作品

中国轻工总会领导和专家评价玉器"百花奖"参评作品

届中国玉（石）器百花奖的获奖作品都是玉雕行业关注的最大亮点，甚至成为引导玉雕艺术创作和中国玉雕产业发展的重要风向标。其特点是作品题材广泛、设计构思巧妙、玉石珍贵稀有、品种丰富多彩、款式新颖别致、制作技艺精湛，代表了我国不同地域流派当代玉雕设计风格与技艺水平，也涌现出一批巧夺天工的传世佳作，深受广大玉器爱好者的青睐。入围作品的题材创意、工艺技法、文化内涵和艺术风格、市场潜力等，代表着我国当代玉雕创作的最高水准和发展趋势。

中国轻工联合会会长步正发在 2010 年中国玉（石）器百花奖表彰大会上致辞

二、推动了传统玉雕的传承与创新

推出精品，倡导创新，提倡文化治玉，抵制庸俗、低俗、媚俗、粗制滥造，引导当代玉雕艺术创作和玉器鉴赏与收藏，是中国玉（石）器百花奖最重要的目的。因此，中国玉（石）器百花奖既是玉雕的不同风格流派群雄争霸的大擂台，更是一个推动全行业相互交流学习、切磋技艺、百花齐放、创新发展的大平台。

玉雕传统题材和表现技法历经千百年来的创造、提炼、丰富，其精华被继承流传下来，具有极强的生命力。

中国工艺美术学会副理事长赵之硕和专家评价参评作品

中国工艺美术学会副理事长唐克美和专家评价参评作品

中国工艺美术学会玉文化专业委员会会长王振作主旨演讲

但随着社会的发展，必须要有新的表现、新的发展才能继续传承下去。在中国玉（石）器百花奖"传承、创新、发展、多样、和谐、繁荣"的理念主导下，当代玉雕艺术创作创新已成为业界共识，玉雕创新蔚然成风。近几届在传统奖项的基础上，增设了特等奖。特等奖获奖作品要求具备设计独特、技艺精湛，材料稀有珍贵等特点，并具有欣赏收藏价值。同时增设了最具文化创意奖，最佳工艺奖。历届都涌现出一批令人耳目一新的作品，入围作品不仅工艺精湛、感观精美，更重要的是每件作品都反映了创作者创新的思维和表现能力，赋予了作品更多的思想性及艺术性和文化内涵。中国几千年来爱玉崇玉赏玉的传统玉文化，让当代的玉雕工作者和玉雕爱好者，在玉器制作和欣赏时也一直带着崇古的心理和眼光。多数人认为蕴含着历史神韵的仿古玉器和传统题材、型制才最值得用心品味和收藏。这种现象随着"百花奖"极富创意和创新风格的获奖作品不断涌现，人们的这种观念也在悄然发生着变化。当代玉雕在传承传统玉雕精髓的同时，以创意的思维，融入新的文化元素，以新的表现方法指导创作成为玉雕艺术发展的主流。

三、搭建了玉雕高端人才成长的大平台

玉雕创作是文化艺术创造，主导创作的核心是人。玉雕艺术的发展需要一大批高端玉雕艺术人才领军各个地域流派的玉雕创作，只有优秀的玉雕人才，才能创造出更多的优秀文化精品。发现、发掘、培养、扶持青年玉雕艺术人才是中国玉（石）器百花奖根本目的之一。

"百花奖"的组织者以人才为本，推动当代玉雕艺术创新发展。充分利用中国工艺美术百花奖和中国玉（石）器百花奖的平台，致力于我国高端玉雕创作人才的培养，使"百花奖"成为造就中国工艺美术大师、中国玉雕艺术大师和中国青年玉石雕刻艺术家的重要平台。中国工艺美术百花奖和和中国玉（石）器百花奖获奖作品及作者艺术水平，是评选中国工艺美术大师、中国玉雕艺术大师和中国青年玉石雕刻艺术家和玉雕行业其他技术职称的重要依据。从"百花奖"这个平台，先后成长出一批从事玉雕行业的中国工艺美术大师，这些大师都是我国玉雕行业不同地区和流派的领军人物和艺术创新带头人，对玉雕艺术创作和玉雕行业的发展产生

中国工艺美术学会玉文化专业委员会常务副会长高颖维为获奖者颁奖

中国工艺美术学会玉文化专业委员会秘书长刘继庭在颁奖现场演讲

中国玉器"百花奖"玉展大厅

了重要影响。

为促进我国玉雕行业的繁荣和发展，根据国务院颁布的《传统工艺美术保护条例》和中国轻工业联合会关于做好培养选拔人才工作，推动工艺美术传承发展的精神，中国工艺美术学会和中国轻工珠宝中心在上级有关领导部门批准下，从2012年开始，结合中国玉（石）器百花奖，在全国范围开展了"首届中国玉雕艺术大师"的评选工作，37位玉雕艺术家在第七届中国玉（石）器百花奖颁奖仪式上，被授予"中国玉雕艺术家"荣誉称号，

有力地推动了玉雕领域高端人才的培养和成长。

中国玉雕艺术发展的未来在于青年玉雕艺术人才的成长。他们身上代表着中国玉石雕刻行业的希望和发展方向。他们功底扎实，观念新颖，创新意识强，是中国玉雕行业可持续发展的基础。近几年，在中国玉（石）器百花奖的推动下，在我国玉（石）雕行业开展了评选中国青年玉石雕刻艺术家活动，一批玉雕优秀人才脱颖而出，他们中的代表被授予中国青年玉石雕刻艺术家称

号。中国青年玉石雕刻艺术家的培养与评选，是中国玉（石）器百花奖为中国玉雕高端人才队伍培养后备力量而做出的突出贡献。

四、带动了玉雕作品材质多元化发展

近十几年，在我国玉雕领域，随着和田玉、翡翠等传统高档主流玉料资源的日渐稀缺，其原料价格也在不断上涨，成为困扰玉雕行业发展的一大难题。在中国玉

（石）器百花奖等全国性和地方性玉器行业奖项的引导下，玉雕作品原料材质开始向多元化发展。

玉石原料只是玉雕创作者一种艺术表达的载体，中国玉（石）器百花奖评委会在评比参评玉雕作品时，强调思想性、艺术性和工艺性，不苛求作品原料的材质品种，只要作品造型优美、神韵具备，有艺术感染力，经得起人们的推敲和时间的考验，任何玉石材质都能创作出可圈可点的艺术精品。因此，在当代玉雕创作与选送

参评作品时，作品原料不再局限于和田玉和翡翠等高档玉石材料，各种材质的玉石都有了发挥的空间，配以适当的题材和雕刻技法，就诞生了很多具有创意的作品，让人们从玉雕艺术中领略生活的千姿百态。

随着在中国玉（石）器百花奖等全国性和地方性玉器行业奖项在玉雕市场的影响不断扩大，非和田玉、翡翠材质获奖作品，也备受市场和收藏界的关注。这些获奖作品之所以在市场上受到收藏者的追捧，是因为每件获奖作品都有自己独特的内涵和艺术魅力，其深厚的文化底蕴和完美的构思，形成了作品独特的艺术风格。让人们把关注的目光聚集在了作品的艺术表现力上，而不是作品是材质本身。玉器爱好者和市场对玉雕原料材质挑剔的传统开始在逐步改变，玉雕创作者的创作原料视野在逐步扩大，除了和田玉、翡翠等主流玉种外，玛瑙、岫玉、独山玉、松石、青金、琥珀、珊瑚、煤晶、水晶、南红寿山石、青田石、巴林石、昌化石等传统玉种，甚至像黄龙玉、泰山玉、金丝玉等新玉种也登上了"大雅之堂"，成为了玉雕作品原料新的来源，进一步拓展了当代玉雕作品创作的广阔载体与空间，对促进中国玉雕行业长远发展产生了深远的影响。

五、汇聚了玉雕行业发展的正能量

引导创作，引导消费，繁荣市场，是中国玉（石）器百花奖评选活动的一个重要宗旨。中国玉（石）器百花奖评选活动的主要特点是参评踊跃、作品多、水平高、参评玉石种类丰富；提倡玉雕创作原料来源的多元化，繁荣玉雕市场，引导满足了消费者的多种选择；评选组织严格，经过严格自评、初评等工作环节，保证了作品水平的代表性，每届各地初评筛选报送的作品都有较高水平，但每届都有很多优秀作品落选；推动交流，

中国玉器"百花奖"金奖作品《羽鹤仙踪》

倡导不同地域流派之间的交流，对促进不同艺术风格的文化融合与升华，产生了一定的引领和导向作用。中国玉（石）器百花奖评选活动每年举办一次，为全国玉雕行业提供了一个展示作品、发现人才、引导收藏、促进消费的平台，各项选拔评比要求特别严格，即便是全国最高层次的玉雕大师、玉雕精英的作品，也要通过各省区行业协会层层选拔，严格把关，进行初评，优中选优，筛选报送的作品都有较高水平，其权威性、公正性、史实性、导向性和参与性被业内同行所公认。

在中国玉（石）器百花奖评选活动连续八届的评比中，每年参与的人越来越多，参评作品水平越来越高，竞争越来越强烈，评奖也越来越难。中国玉（石）器百花奖评选活动在引领玉雕行业朝健康、有序的方向发展，引领行业作品朝思想性、艺术性发展，对当代中国玉雕行业的发展产生了深远的影响。中国玉（石）器百花奖评选活动，让玉雕行业从业者通过选送入围和获奖作品看到行业发展的主流，评选活动起到了带动作用和示范作用，指导和推动玉雕艺术创新，整个玉雕行业因此有了方向性，玉雕从业人员有

《古刹驼铃》

了压力、动力，进而也就引导着整个玉雕行业沿着有序、有方向、有发展潜力的方向发展。进一步繁荣了玉雕创作与生产，为市场提供更丰富的玉器产品。

中国玉（石）器百花奖等玉器评选活动对玉器收藏市场的影响，最直观的就是提高了藏家和玉器爱好者的眼光和鉴赏能力。这些玉器评选活动组织者都很重视文化推广。每届评比后都编辑出版发行一本获奖作品集，对获奖作品进行赏析推介。这不仅仅是一般意义上广告宣传，更是对当代玉雕艺术创作成果集中建立历史档案，为以后传承留下翔实的典籍资料。因为这些获奖作品确实实至名归，并且代表

了当代中国玉雕艺术的最高水平以及最新的发展动向和流行趋势。让玉器爱好者和藏家客观认识玉雕作品的价值，引导玉器投资收藏与消费，促进市场的健康发展。

由于，中国玉（石）器百花奖评选活动所倡导的创新意识，推动了当代玉雕创作水平的整体提高，题材创新、工艺创新、手法创新引导着玉雕行业的创作。玉石作为贵重原料和创作载体，经过创作之后被赋予了更多的文化内涵，进一步提升了玉石本身的价值。如果作品的工艺更精细、设计的造型更美、寓意更深刻，其价值就会更高。所以，在中国玉（石）器百花奖获奖的每一件作品上，我们都可以看到

创新的元素，体会到作品强烈的艺术感染力。玉雕作品在思想性、艺术性、工艺性等方面的大幅度提升，使玉雕作品工艺更加精美，表现手法更加多元化，财富价值有更好的体现，也获得更多的社会认可。玉雕作品通过评奖提升了获奖玉雕艺术作品的价值，使作品在市场上拥有了更高的价格认同，对玉雕创作者的精品意识有强烈的引导与强化作用，对促进玉雕行业发展汇聚了正能量。

中国玉器"百花奖"获奖作品

中国玉器"百花奖"获奖作品

中国玉器"百花奖"获奖作品

中国玉器"百花奖"获奖作品

BEIJING YUDIAOZHUANTI

北京玉雕专题

北京玉雕的传承与风格演变

文 / 俞珺

　　和田玉，纯洁温润，以其特殊的质地和与众不同的美感，深受人们的崇尚和喜爱。以和田玉为载体进行雕琢的玉雕，是中国特有的传统技艺，自古就有体现不同琢制风格的"南派"和"北派"之分。"南派"以苏州、扬州为中心，如轻清柔缓的评弹一样飘逸、儒雅、灵秀；"北派"则以北京玉雕为代表，与景泰蓝、牙雕、雕漆、金漆镶嵌、花丝镶嵌、宫绣、宫毯并列为"燕京八绝"之一，端庄、大气、浑厚、精美。2008 年，北京玉雕被列入国家级"非物质文化遗产"保护项目，当代北京玉雕大师名家和玉雕工作者，传承传统玉文化的精髓和北派玉雕的技艺特色，展现了这门京城"绝活"新的辉煌与风采。

夏长馨作品《白玉活环耳花熏》

一、北京玉雕的历史与传承

北京玉雕，历史悠久，源远流长。根据北京地区考古发现，商代玉器在北京地区已有出土。1977 年在平谷刘家河村一座商墓中发现了玉礼器和玉佩饰。目前所知北京建城的历史从西周初期开始，是西周的诸侯国蓟国和燕国属地。后燕国兼并了蓟国，燕国都城迁到蓟城，直到战国末期，蓟城一直是燕国的都城。琉璃河燕都和蓟城是古代北京地区的王城，北京玉雕业的历史当从琉璃河燕都和蓟城开始。北京考古工作者后来的一系列考古发现，燕都遗址出土的玉礼器有璧、琮、圭、璜等典型玉器，玉兵仪仗器，循周礼之制，器型规整，体现了西周琢玉工艺和艺术风格特点，为北京玉雕始于西周以前提供了实物依据。

北京作为六朝古都，玉雕作为一种特殊的手工艺术在北京得到了传承发展。北京玉雕的真正兴起则开始于元代，元朝政府专门设置管理官办玉作的机构。祖始人为元道人邱处机（道号长春），至今在北京著名的道观"白云观"中还立有一块"玉行长春会馆碑记"碑。现陈列在北京北海团城的中国现存最早、最大的玉器制品《渎山大玉海》就创制于元朝。

明清两代是玉器发展的高峰时期，宫廷设置造办处玉作专门琢制宫廷玉器，并

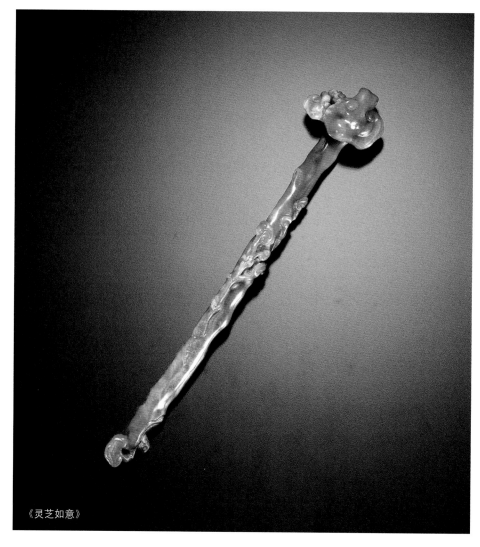

《灵芝如意》

且部分工匠由皇帝钦点分派给南方的官办玉作来完成，与此同时，不断有南方玉作巧匠来京城落户开业，逐渐融入北派玉作，因而北京玉器融南、北派玉作之美，集两家之长，形成独特的治玉风格。清王朝结束后，宫廷造办处的工匠流落于北京民间玉器作坊，成为民国时期北京玉器行业的中坚力量。

中国玉器在经历了上古的简朴、夏商周三代的古拙、汉代的爽利、唐代的飘逸、宋代的巧拙、元代的豪放，到了明清两代，达到了玉器

发展的高峰时期。清朝乾隆时期北京玉雕的技艺达到了顶峰，其代表作就是现存于故宫博物院中的玉山子《大禹治水图》。《大禹治水图》是中国古代治玉历史上用料最大、耗时最久、费用最高、雕琢最精、器型最巨的玉雕珍品。它的出现为中国封建社会时期的北京玉雕创作画上了完美的句号。从晚清开始，大量宫廷玉器匠师转向民间，在北京花市、崇文门、前门外一带开设了许多大小不等的玉器作坊。

在封建社会时期，虽然

玉器产业繁荣，但这种繁荣基本依附朝廷与王公贵族需求，并未深入民间。北京的玉器制作基本上由皇家控制，归宫廷造办处统管，从原料到生产都有严格的限制，私人作坊不可能有大规模的发展。北京玉雕真正繁盛起来应该是民国以后，正是中国结束了数千年封建统治，才使玉雕由宫廷走向民间。随着清朝的覆灭，宫廷中的玉雕艺人结束了他们为宫廷服务的历史，将自己的技艺带到了民间，开创了北京玉雕新的时代。到了 20

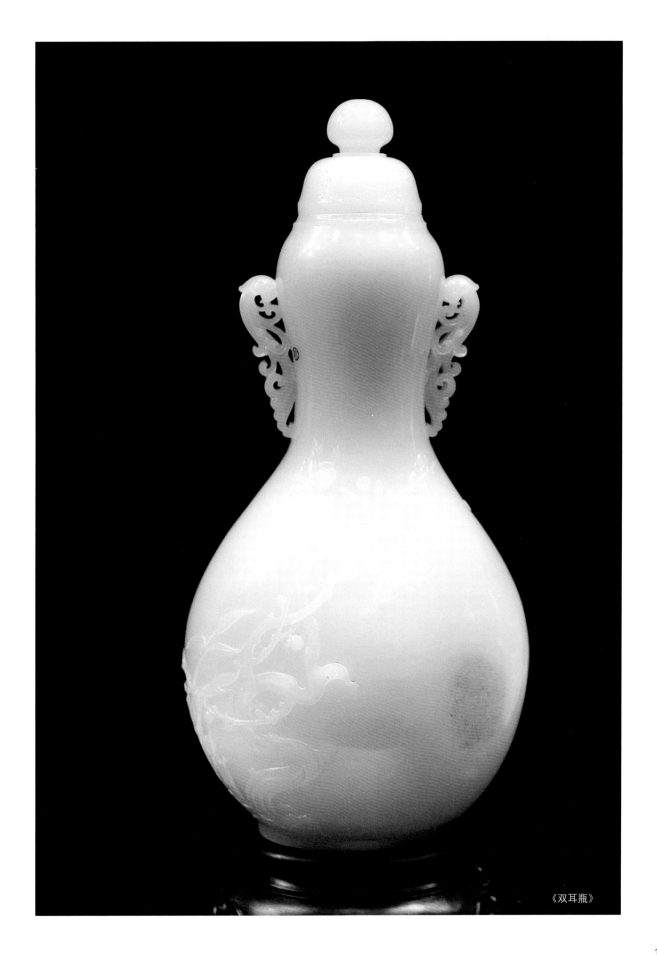

《双耳瓶》

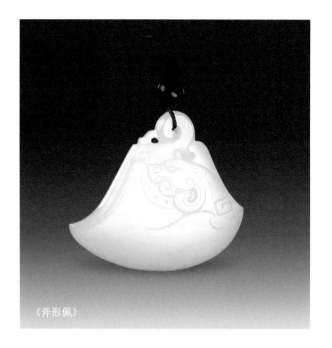

《斧形佩》

《年年有余》

《梅妻鹤子瓶》

《鸳鸯戏水》

世纪 30 年代，北京玉雕产业发展至鼎盛时期，从业艺人达到六千多人，北京玉雕也终于出现在寻常百姓人家。随着社会的变化，北京玉雕艺人的社会地位也发生了巨大变化，北京玉雕成为众多北京工艺类别中艺人的社会地位较高的行业。

新中国成立后，北京玉器成为出口创外汇的重要组成部分，国家开始对手工业进行社会主义改造，政府将失散的个体玉作艺人组织起来建立玉雕合作社、玉器厂，从业人员达千人。老一辈师传手艺得到充分发挥，技艺高手脱颖而出，在前人艺术精华积淀的基础上形成了具有现代北京玉雕的雄浑、厚重、宫廷气息浓厚的风格，开始进入蓬勃发展时期。1958 年成立的北京市玉器厂是全国规模最大，技艺最好，

作品最佳，在评比中获全国奖项最多的玉器生产基地。帮助培训其他省市玉雕技术人员，派出技术人员及管理人员帮助多个省市建立了玉器厂；创办工艺美术研究所，安排部分有造诣的师傅在所内从事琢玉研制；创建工艺美术学校，培养一批从事玉器雕刻的人才，北京玉雕进入辉煌发展的阶段。

20 世纪 90 年代开始一

度走向低谷，进入 21 世纪后随着我国改革开放的深入和中国经济的飞速发展，艺术品收藏市场逐渐持续火爆，北京玉雕行业开始恢复发展。尤其是北京玉雕作为国家级非物质文化遗产受到大力宣传与保护传承，当代北京玉雕也再度受到世人的关注，在北京玉雕界的共同努力下，北京玉雕进入了一个崭新的繁荣发展时期。

二、 北京玉雕的发展与演变

北京作为六朝古都和元朝以来的政治经济和文化中心，传统北京玉雕无疑代表着中国玉雕最顶尖的技艺。由于传统北京玉雕的需求者主要是宫廷权贵，多为宫廷作坊工匠制作，极少民间工匠制品，以庄重古朴、稳重大气的风格为主，做工精细。动物形圆雕，不管是兽类，还是禽类，大都刻画得丰满圆润、栩栩如生。器皿类则较为厚重平稳，虽然有时也作花草缠绕的艺术处理，但仍不失端庄典雅。北京玉雕以其内敛雍容的质感承载着中国传统文化，无论是掌心摩挲的小物件，还是通体润洁的大摆件，都透着过往的温柔与敦厚。

北京玉雕这种主流的风格一直延续到 20 世纪 80 年代。这一时期创作完成的传世之作《岱岳奇观》《含香聚瑞》《群芳揽胜》《四海腾欢》等四大国宝的创作和表现的艺术风格，就是具体的体现。进入 90 年代，随着北京玉器厂的企业改制，北京玉雕的发展发生了重大变化，其主要的标志在以下四个方面。

（一）从皇家风范到风格多元

北京玉雕技艺精湛，雄浑大气，庄重规范，深厚精湛。在制作上量料取材、因材施艺、遮瑕为瑜成为琢玉的重要法则。能工巧匠利用玉石的自然形状、色泽、质地、纹理和透明度，创作出许多巧夺天工、妙趣天成的珍品。玉器制作的工艺过程，概括为"意、绘、琢、光"几个阶段。表现手法有圆雕、浮雕、镂雕、线雕等。玉雕以大件和摆件为主，在炉瓶器皿、人物、山子、花卉等品种上都有独特的风格和气质，具有宫廷艺术特色和皇家风范。

20 世纪 90 年代以后，有北京玉雕大师名家领衔的玉雕工作室相继成立，外地的玉雕大师也进京创作与创业。在中国改革开放的大背景和当代玉雕艺术创新发展的潮流中，北京玉雕的艺术风格也在悄然发生着变化，从以传统北京玉雕的皇家风范为主，到以皇家风范为主的多种风格共同发展的局

《江南情怀》

面。我们欣赏当代北京玉雕的泰斗级领军人物宋世义大师的作品，就可以看到这种变化。

我们欣赏宋世义大师的作品《江南情怀》，一种淡雅、清幽，古典水墨画一般的意境在这件作品中得到了最完美的诠释。作品的正反两面彼此统一又各有风情，一面依山，一面傍水，那些江南楼阁因山而俊秀、因水而婉约的曼妙风情尽将托出。巧妙的布局和细腻的刀笔把江南的山水、江南的生活甚至江南的性情都透彻地描摹下来，还原出一份醇厚的水乡古韵，让人感之十分恬静与惬意。

《龙吟云萃》

（二）从"四怪一魔"到群星璀璨

清末以后，宫廷造办处的工匠流落于北京民间玉器作坊，成为民国时期到20世纪80年代北京玉器行业的中坚力量。这一时期以北京的"四怪一魔"最为杰出，他们是以雕琢人物群像和薄胎工艺著称的潘秉衡。以立体圆雕花卉称奇的刘德瀛，以圆雕神佛、仕女出名的何荣，以"花片"类玉件清雅秀气而为人推崇的王树森和"鸟儿张"——张云和。

北京玉雕一代宗师潘秉衡，早在20世纪40年代初期，就以精湛的技艺而独树一帜，成为北京玉器行业的名家。潘秉衡研制出失传的"压金银丝镶宝石"的工艺，

恢复并提高了我国古来已有的"金镶石"工艺水平。潘秉衡技艺卓绝，创作题材广泛，作品造型庄重古朴，气韵生动，纹样装饰瑰丽清奇，无论器皿、人物、花卉，鸟首翎毛，都给人和谐、典雅的美感。潘秉衡的作品不仅列为国宝，而且被法国巴黎卢浮宫、美国费城博物馆、日本名古屋博物馆珍藏，为世界艺坛所瞩目。何荣在神佛创作上，强调清、静、神，注重刻画神佛性格。那各司其职的神佛，各具特色，神形兼备。何荣存世作品不多，大部分已经销往海外。王树森则技艺全面，尤以花卉、

人物见长。他琢玉几十年，未创作过重复的作品。他的作品擅长于"小中藏大"、"薄中显厚"、"平而反鼓（有立体感）"，王树森的玉雕作品有三绝：一绝是艺术精品，料、工、艺三合一；二绝是善用俏色；三绝是思路广泛，做工精湛，极富艺术魅力。

当代北京玉雕大师名家云集，精英荟萃，群星璀璨。50多年来，仅北京玉器厂一家，就培养就了15名国家级工艺美术大师、28名北京市级工艺美术大师及众多优秀技术人才。现当代北京玉雕的前辈大家有蔚长海、宋

世义、李博生、郭石林、张志全、王金兰、柳朝国、杨根连、宋建国、吕 、袁广如等，活跃在当代玉雕艺术创作领域的中青年主力有姜文斌、田健桥、苏然、刘卫国、李东、赵琪、谢华、王希伟、崔奇铭、董毓庆、胡毓昆、张铁成、孟庆东、王俊懿、苏伟、陈江等大师名家。

（三）从四大国宝到精品频出

20世纪80年代，由北京市玉器厂创作的四大国宝，见证了当代北京玉雕的辉煌。北京玉器厂组织技术

《节节高》

骨干，历时 8 年时间制作完成了四件翡翠国宝：山子雕《岱岳奇观》、花薰《含香聚瑞》、提梁花篮《群芳揽胜》和插屏《四海欢腾》，是我国当代玉雕的巅峰之作，被国家列入国宝珍藏

由王树森、高祥、蔚长海、张志平、郭石林等北京市玉器厂老中青三代共 40 多人组成了国宝车间，78 张设计图纸经过再三审议讨论，确定了其中的 4 张作为最终方案：一号料做泰山、二号料做花薰、三号料做花篮、四号料做插屏。这就是后来创作而成的山子雕《岱岳奇观》、花薰《含香聚瑞》、提梁花篮《群芳揽胜》和插屏《四海欢腾》。

20 多年前，四大国宝创作完成，北京玉雕大师名家们写下了北京玉雕史和中国工艺美术史上最为浓墨重彩的一笔。20 多年后，他们或他们的传人，对玉雕的专注与执着丝毫未减，对北京玉雕的传承与创新的传奇仍在续写。近十几年来，北京玉雕大师名家和玉雕新秀创作的作品，频频出现在中国玉器"百花奖"、"天工奖"、"百花玉缘杯"等国家级大奖的榜单之上，北京玉雕创作呈现出大发展、大繁荣的局面。

（四）从"一枝独秀"到"花开满园"

位居北京工艺美术"四大名旦"之首的北京市玉器

《沙帽翅炉》

《江山多娇》

厂，是中国北派玉雕的发祥地。建厂初期就拥有北京玉器工艺传承的第一代大师群体——著名的"四怪一魔"：潘秉衡、何荣、刘德瀛、王树森、张云和。1979 年，北京市玉器厂成立技工学校，培养历练了一大批既有高超雕琢技艺，又通晓艺术理论、

创作设计理念的玉雕行业的新秀，成了北京市培养国家级工艺美术大师、玉雕大师、市级工艺美术和玉雕大师的基地。2008 年，"玉雕—北京玉雕"被列入国家级"非物质文化遗产"保护项目名录，北京市玉器厂成为非物质文化遗产传承单位，宋世

义、柳朝国、李博生、郭石林、张志平等中国工艺美术大师成为国家级、市级非遗代表性传承人。

北京市玉器厂人才荟萃、技艺精湛，被誉为"工艺美术的发祥地"、"特种工艺的摇篮"，连续八届荣获中国工艺美术"百花奖"

链瓶

金杯奖，是在全国工艺美术和玉雕作品评比中获得奖项最多的玉器生产企业，为京城皇家玉文化的传承与发展、为国家出口创汇、为全国玉雕行业培养和输送大批优秀玉雕人才做出了重大贡献，是全国聚集大师名家最多、获奖作品最多、生产规模最大；文化底蕴丰厚、玉雕技艺精湛的著名玉器创作生产基地，在北京和全国玉雕行业有较大的影响。

在北京玉器厂的辐射和传承带动下，伴随着中国玉雕行业的高速发展，北京的玉雕产业得到了快速的发展。由北京玉雕大师名家和玉雕新秀主导的玉雕工作室，成为北京玉雕创作的主力。北京市内的玉器商铺遍布各个城区，市场上的玉器产品琳琅满目、精彩纷呈。根据调研统计，截至 2013 年 6 月，北京市从事玉器创作生产和经营的单位 1000 多家，玉器古玩市场 200 百多家，其中，市场经营面积规模超过 10000 平方米的有 11 家，从事玉器生产加工经营的店铺 7000 多家家，从业人数 10 万多人。北京玉器市场的辐射范围除北京市区外，还辐射周边多个省市和自治区，无论是玉雕创作生产，还是市场发展，都可谓是从北京玉器厂往日的"一枝独秀"，到现在的"花开满园"。

活环耳方炉

论语

《龙头花薰》

《群芳揽胜》

净水深流 玉成于汝
——北京玉雕名家系列

文 / 伊添绣

北京玉雕源远流长，技艺精湛，题材广博，雄浑大气，庄重规范，具有宫廷艺术特色和皇家风范，以大件和摆件为主，在人物、山子、器皿、花卉等品种上都有独特的风格和气质，在制作上量料取材，因材施艺，多采用优质和田玉，浑厚细腻，更以俏色见长。近年来在牌子、配饰、把玩件上也有长足的发展。

2008 年，"北京玉雕"入选第二批国家级非物质文化遗产名录。

很少有一项传统工艺能像北京玉雕一样，在经历了历史烽烟后依然如此繁荣，多少能工巧匠为北京玉雕的发展洒下汗水，做出难以估量的贡献，又将中华玉文化推向更高的艺术境界。步入宋世义、柳朝国、郭石林、张铁成、宋建国、姜文斌、田健桥、苏然、李东等当代玉雕名家的艺术世界，将是您打开北京玉雕新认知的一扇窗口。

一代名师宋世义

艺术是探索，创作者在自己深厚的艺术素养之下自由发挥，形成独有风格。
——宋世义

在玉器厂时，宋世义有幸师从玉雕大师王树森。刚开始学艺那几年，宋世义手上经常拉出血口子，王树森说："不拉掉几两肉能学会磨玉吗？"王树森教给他方法和道理，而不是具体地指导他怎么去做。这让他能够在掌握基本规律和技巧的基础上，独立地去思考去摸索，使他终身受用。

为人谦和的宋世义，肯吃苦，爱钻研。他擅长用传统的玉雕工艺融合学院派的手法，创作过去所没有的题材。他大胆把古典诗词融入到作品之中，赋予了作品更多的文化内涵。有一次，他利用扔在操场上无人使用的废料，雕刻出了一件玉雕作品《长生殿》，获得了"北京市珍品奖"，让厂里的老师傅们刮目相看。

他认为："艺术是探索，创作者在自己深厚的艺术素养之下自由发挥，形成独有风格，不是墨守成规，在固定下来的模式上亦步亦趋。"不走寻常路的他打开了俏色玉雕的思路，创作出不少很有影响，令人耳目一新的作品。

"玉雕材料千变万化，有句话叫做量料取材、因材施艺。每一件玉雕都是独一无二的，

《闻箫》

《丝路花雨》

南海观世音

作品巧妙利用僵皮部分模拟出海浪，观世音菩萨斜卧在水波上方，一手持莲，双目垂闭，恍惚是在凝神静思，又恍惚是在小憩，神态极为典雅雍容。玉质温和白润，将这种风韵衬托得更加形容婉约，莲瓣、璎珞、衣袂层次明晰，显示出大师非凡的造型能力。

一件优秀的玉雕应该能传达出创作者的艺术修养和思想感情，而不只看材料的贵贱。"宋世义指着工作室里陈列的作品《江南情怀》对记者说，"这个作品的原料就是缠丝玛瑙，黑白灰三种颜色像千层饼一样混杂在一起，在很多人眼里是块废料。但是经我仔细琢磨，巧妙利用了石头的本来颜色，层层剥离，雕刻出烟雨蒙蒙的江南水乡，达到水墨画般的艺术效果。"

宋世义认为，从事玉雕需要有绘画、雕塑、文学、戏剧等多方面修养。"比如我的《风雪夜归人》取自唐诗，又比如我在仕女造型上融入京剧荀派表演身段。对佛教知识也要有深刻的了解。比如雕刻菩提树，每组叶子应该是7片，如果做成了6片或者8片就会贻笑大方。"

工作之余，宋世义最喜爱的是梅派京剧，他是资深的梅派票友。他说："梅派京剧的特点就是不张扬，不造作，是

中国传统美学的中和之美，雅俗共赏。我的作品也是一样，给人舒服和美好的感受。"从京剧的世界中，宋世义得到了无数灵感，创作出了诸如《京剧脸谱》《京剧小丑》等一系列京剧题材的玉雕作品。

尽管已经成为玉雕行业的大师级人物，宋世义一直不觉得自己聪明。"有的东西别人看一眼就明白了，我半天还转不过弯来。但是我靠的是勤奋。"他说，"我特别喜欢学习，向同行学习，向姊妹艺术学习，向生活学习，我要活到老学到老。"

"人磨玉，玉磨人，玉的生命就是人的生命，玉的灵魂就是人的灵魂。"宋世义说，"人生并不完美，但是有了不懈的追求，有限的一生就不会留下遗憾。"

炉瓶大家柳朝国

人格魅力是玉雕的灵魂。

——柳朝国

　　无论市场风云如何变幻，玉雕艺术品的唯一性和稀缺性，依然是玉雕艺术品吸引投资收藏者的关键所在。

　　谈到如何提高当代玉雕作品的艺术品位，以适应玉雕艺术发展和市场要求，柳朝国大师谈了"三个比拼"：

　　基本功的比拼。刻景琢物、雕形写意，能够意使刀致、得心应手；雕花鸟鱼虫、人物、走兽而不为力拙所困扰，念山得山、想水得水，达此意境者方入玉雕艺术家之列。这仅仅是的基本技能，比拼的是技艺的虚实高低。

　　才情的比拼。不仅能随心所欲地表现想表现的东西，而且有灵性，有显而易见的艺术特点，有清醒的艺术主张，纵情恣意，领异标新，我即我，我非人，这比拼的是才情。

　　人格力量的比拼。在技艺和才情夯就的高台上，艺术家全方位的综合素质得以突出的表现，包括个人修养、文化趣味、价值观念、审美理念、艺术主张、胸怀境界、从艺态度、敬业精神，这一切都是人格涵盖的因素。

　　在玉雕艺术最高层面上，比拼的实际是玉雕艺术家的人格力量，有什么样的人格，便有什么样的作品。一个艺术家能否担当当代玉器文化产业赋予的历史重任，这三点是至关重要的。只要我们具备一支继承传统，而又勇于创新的玉雕艺术家队伍，未来我们就还会大有可为。

《白玉簋》

《福寿链瓶》

《薄胎白玉簋》

　　《薄胎白玉簋》是一套餐具，一带盖盆配有一勺，造型雍容华贵，制作技艺绝妙，展现了北派玉雕宫廷艺术的风采。胎薄体轻，又雍容华贵，大师在薄如蝉翼的胎壁上，集镂雕、透雕、浮雕各种工艺之精妙，雕出牡丹花头双耳和盛开的菊花头盖纽，以及双蝠和莲花纹饰，几近神工。缠文图案寓意富贵幸福，和谐太平。此作获中国玉器"百花奖"特等奖。

中国玉雕龙第一人郭石林

悟性对于玉雕等同于诗人的灵感。

——郭石林

1993 年郭石林被评为中国工艺美术大师，他的雕刻艺术创作以人物见长。他曾经师从方寿金，后师从一代玉雕宗师王树森。1963 年开始自己独立玉雕创作，在宝玉石界充分显露天赋才华。五十几年来，他的玉雕技艺炉火纯青，形成了自己独特的玉雕艺术风格。

他的大型河磨玉雕《中华神韵》，由主体"九龙腾飞"和基座"五岳耸立"两部分组成。作品在形似中国版图的子料上，雕刻出九条腾云驾雾、活灵活现的龙，寓意深邃。运用浮雕、圆雕、空雕等技法，做工精细，是一件具有很高艺术价值的玉雕艺术品，有较高的收藏价值。作品在中国轻工珠宝"百花奖"评选中获得金奖。

1983 年，"八六"工程中郭石林就以龙为题材开始创作《四海腾欢》，他到祖国各地四处搜集有关龙的图案和作品，历时六年，作品终于完成。作品综合了原始龙的威猛刚劲和近代龙的富丽丰满的特质，使龙的展转腾飞的姿态和喜怒哀乐的人性化完美结合，云随龙卷，云转龙腾，大气磅礴，

翡翠《四海腾欢》

《龙头观音》

出神入化。充分表现出大中华"龙腾盛世"的主题。

　　对于玉雕人物形象的创作，郭大师也有独特感悟。他认为作品的构思立意与雕刻技巧相结合才可能实现较为完美的艺术创作。"无论要想反映什么样的动人故事情节，都必须十分注意人物的动态变化，尤其是要着意刻画人物面部神态的美。人物的内心世界是复杂的，喜、怒、哀、乐、惊、恐、痴、思等情绪变化，都要通过面部表情反映出来。在人物创造上，不但要表现脸型动态变化，更主要的是表现面部的神情。"在雕刻人物之前，郭大师总要

把作品中的人物头像、身体结构、神态表情反复揣摩，设计出最佳方案。

几十年来，郭石林大师在玉雕界里渐有声誉，他的玉雕创作，具有扎实的绘画功底，又有精湛的玉雕技能，他创作的玉雕艺术作品真正达到了神形兼备，堪称是完美的玉雕艺术品。在当今玉雕界树立起了他自己的艺术风格，成为玉雕界人物作品创作的大家名师。郭大师说："我是用一块精美的石头在说话，用石头充分表达出我的心情和意念，通过不同的题材和形状以及不同颜色的有机融合，达到神形兼备。

"玉不琢，不成器，人不学，不知义。"玉石雕刻是一项艰苦细致的工作，面对社会的浮躁和急功近利的现状，市场竞争愈加激烈，玉雕人才极其匮乏。郭大师认为，能够踏实留在他身边学艺的青年都是好苗子。他常对自己的徒弟说："搞玉石雕刻是需要沉下心来，认真做事的，你既然选择了它，就要放弃窗外的那个浮躁的世界，从此寒来暑往，一生都要与碎屑砂石为伴。功成名就的毕竟是少数，如大河里的浮沙，大多数最终都沉淀在水底，即使是铺垫，也是光荣的。"也正是这种朴实无华的思想激励着他和他的徒弟们勇往直前。

《皆大欢喜》

翡翠《心中有佛·春江水暖鸭先知》

梳妆掷戟

　　这是以中国古典文学名著《三国演义》中吕布与貂蝉的故事为题材，呈现这一永恒的历史画面。人物形象和神态的表现细腻生动，甚至依稀可辨主人公的心理活动。作品线条流畅，造型生动。

礼玉名家张铁成

玉艺重要，为人更重要。

——张铁成

中国当代礼玉文化集大成者首推张铁成，他传承、发展了中国传统玉雕礼玉文化，激活、扩大了礼玉文化蕴涵，并致力于寻找传统礼玉文化在中国当代的民族精神契合点，以及中国玉文化的深层内涵，以精美玉雕来诠释我国道器并重的悠久文化，体察中国文化中敬天法祖、顺应自然的形上之道，堪称巨擘，被誉为当代中国礼玉文化第一人。

张铁成继承北京皇家宫廷玉器端庄大气的精髓，多次参与国家重大事件礼仪用玉的设计和制作，屡获大奖。张铁成作品元素亦多取材中国玉器中的礼器，如六瑞、六器以及其他礼器玉。并能于玉料之内，加以巧妙构思，妙有气韵，且具创意与革新精神，旷代铁笔，臻于大成。

在一般人看来，玉雕作

翡翠《白菜》

《饕餮纹背壶瓶》

为一门技艺，技艺水平应该是最重要的了。可是张铁成并不这样认为，他觉得为人是最重要的，其次是学识修养，第三才是技艺。他说，"只有把人修好了，才能够创造出更好的作品。要想在玉器行业干得出色，好的玉德是关键。""不是说能够雕刻出东西就是大师，要想雕刻出好东西需要一个人深厚的积淀。要想把玉雕做到极致并不容易，若急功近利就达不到那样的技术水平。"

判断玉雕的好坏，张铁成有自己独到的见解："第一是料，好料很重要；第二是工艺，精雕细琢是关键，比如观音，每一件观音玉雕都有它不一样的地方；第三是创新，一件好的作品是在继承的基础上创新，一件好的作品应该有自己独到的创意，同时也不能太古怪。"

张大师现在很大一部分时间都花在宫廷题材雕刻上。他说："宫廷玉雕当前

翡翠《吊链花篮》

的市场情形并不好，没有多少购买者，但是如果大家都不做的话，这门技艺就会消失，我想把这项技术传承下去。"他担心在市场化的今天，传统的玉雕之路能否发展下去。宫廷玉雕的造型有几千年的历史，然而并不被市场看好。"如果失传的话，后人只能在博物馆里看到这些东西了。"张铁成皱着眉头说。

对于未来的路，张铁成心里早就有规划："对于公司，我们要'两条腿'走路，一方面做精品，比如那些大的宫廷玉雕；另一方面做市场上的畅销品，比如小把玩之类批量生产。就我个人而言，我教书育人，同时继续研究玉雕，把玉文化传承下去。"

观音说法

　　观音慈眉善目，仪态端庄，是中国人信奉的慈悲偶像，将玉与观音信仰结合，是一种和谐完美的融合，从质到神都赋予多重的精神象征与情感寄托。而龙王处的黑色运用更是巧妙至极，巧色玉雕龙与观音遥相呼应，相互映衬，神态雄壮而威武，用料合理，动静相宜。就作品整体而言，《观音说法》玉雕作品下配实木底座，造型新颖，雕工精细，为不可多得的一件艺术精品。

意象大师宋建国

厚德修艺，大美为先，在情系自然之中，深参造化，而妙得心源。

——宋建国

翡翠《洗象图》

《道法自然》

宋建国大师由绘画领域进入玉雕行业，以刀砣代画笔，以玉石做载体，抒写挥洒他的生命感悟和艺术理想。业内人士称，他为中国玉雕界带来一种新鲜而有益的文化自觉和文化认同理念，为玉雕创作注入了新的生命活力，在发挥玉雕创作的博雅情怀和文人意趣，沟通玉雕艺术与传统中国画艺术神韵方面，进行了诸多具有开创意义的尝试，取得了令人振奋的成就。

长期以来，玉雕界从业者对自我身份的定位和职业意义的认知，存在些许偏颇，很多人把自己仅仅看作是手艺人，说是谦逊，亦无不可，但如果把"手艺人"三字当作遁词，对自己低标准要求，那就降低玉雕行业应具备的文化品格了。这种担心不是没有道理，我们看到的事实是，许久以来这个行业缺乏创新的活力和动力，惯走轻车熟路、陈陈相因者多，呕心沥血进行全新创造者少。

宋建国半路杀出，开始便给自己设定了一个不低的标准，要把中国画风格融入玉雕创作之中，增加玉雕作品的文化含量，从而展露中国传统艺术的精髓神韵。他给自己出了个难题，同时也在努力地解决着难题。而在解决难题的过程中，他不断地攀登上一个又一个高峰。

宋大师在20世纪80年代，便尝试在玉雕中融入国画艺术的写意理念，在作品中着意展示中国画的文化意境和特有的韵致气脉。这本是明代开创的传统，当时的文人画对玉雕影响极大，一些工匠模仿当时的名家沈周、文徵明、徐渭等人作品，主张以形造神，强调主观意兴心绪的表达。但在当时，这种"创新"主要是为了迎合世俗文人特别是在野知识分子的审美需求，追求士人风雅和闲情逸致，看重把玩、玩赏功能，在境界上失之于小，在器物品种上也主要限于玉牌。清代对这种传

统有所发展，工艺上更为精巧，士大夫雅趣的文化气质更为突出，但却少了明代的刚健硬朗。宋建国不是简单地拿来这种传统，也不是简单地在器物上翻版名家画作，他"捉刀代笔"，主张"立其念，成其形，修心通明入境"，这种境，是"大我之境"，突出的是一种人文情怀。他同样研习陈老莲、任伯年、钱慧安，但主要是从中汲取他们古雅高迈的精神气象，然后融入个人对艺术人生的理解和美学理想。在引入国画写意理念之后，宋建国又在玉雕山子上进行立体国画艺术研究，把透视学原理运用于玉雕山子，讲究作品的气场韵律，讲究意象空间透视，从而在他的作品中形成文化意蕴厚重、人文内涵丰沛、凝重不失空灵、雄浑不失清丽、拙朴不失精巧、古迈不失新雅的艺术风格，成为当代玉雕界一道亮丽的景观。

宋建国出生于燕赵之地，司马迁道：燕赵自古多悲歌慷慨之士。曾在历史上留下亘古不灭的绝唱和回响的燕赵之士数不胜数。也许因为这块土地自古以来战乱频繁，从而形成勇武任侠、尚义骁悍的民风，形之于艺术，自然带有沉雄重彩、苍劲刚健的气质和风格。唐代史学家李延寿在其《北史·文苑传序》中说："江左贵乎清绮，河朔贵乎气质。"玉雕的南北派风格之分，也大体呈现这种局面。宋建国研究过南派，也研究过北派，他兼收并蓄，各取所长，但最终，他个人的学养和精神气质，以及燕赵地域的文化基因，在他的玉雕创作中还是起着关键的作用。他的作品，特别是玉雕山子，饱满的气韵和壮阔的境界，以及自然合理、妙境天成的画面感，造就了属于他的独有玉雕语汇。

《忠义千秋》

夜游赤壁（2008 年百花奖金奖作品）

作品最大限度地保留玉料体量，继承传统风格，巧借材质特点，以简繁得体、疏密有致的刀工，传形写意，表现出题材特定的深幽意境。作品保留了原石质感纹路，整体作品浑然厚重，高雅古拙。

玉雕怪才姜文斌

玉是大自然对于人类最美好的馈赠。

——姜文斌

《华夏雄风图》

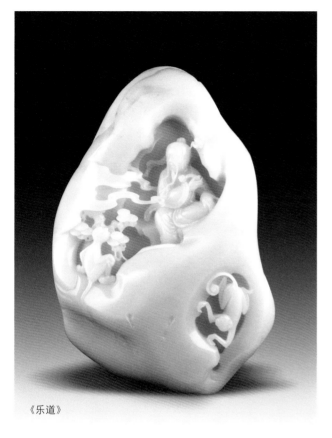

《乐道》

《福禄寿》

姜文斌大师认为：玉是大自然对于人类最美好的馈赠，中国人对它更为怦然心动，因为中国人发觉了玉的美好，而且倾心倾情。玉文化在中国几千年的传承，成为了华夏文化的重要组成部分。

和田玉被誉为中国玉的精英，羊脂白玉是和田玉中的极品，但优质的玉材也会绝大部分带有轻重不同的料裂或少许的杂质，玉器行内称裂或绺。姜大师与美玉三十多年的"交流"，已然从爱玉人成为了懂玉的行家，他知道如何惜玉以展现玉最美的部分。

设计是审玉的继续，通过审玉，姜大师脑海里形成了一幅又一幅朦胧的图画，确定了要表现的主题，人物题材、花鸟题材、香炉器皿等。设计时就将这种朦胧未现的图画用画笔绘出，使其由隐到显。他认为这是玉雕作品创作的关键所在，是一个生"意"的过程。这一过程往往要经过很长时间才能确定。因为雕刻艺术是减法，只能去料，不能添料，所

以必须慎之又慎。在没有形成一幅有意境的图画之前，是不能轻易开琢的。因料而琢、取精去糟、去脏掩绺、用色为俏，精琢细磨，使作品达到精、巧、绝、奇、特的境界。玉不琢不成器，这是由玉成器的"琢磨"过程，也是一位优秀的玉雕大师磨砺心智的过程。

姜大师说："玉已深深地融合在中国传统文化与礼俗之中，充当着特殊的角色，发挥着其他工艺美术品不能替代的作用，并打上了政治的、宗教的、道德的、价值的烙印。同时儒家赋予它以"德"的内涵，成为传统文化的重要载体。"

此作整体设计多用弧面，以体现丰满圆润之形。底部简单浮雕，寥寥几笔带过，更多留皮保留原石之美。作品流畅的线条和饱满的弧面，将曦之与鹅表现得生动自然，寓意美好祥和。

《瑶溪秋壑》

羲之爱鹅

　　此作整体设计多用弧面，以体现丰满圆润之形。底部简单浮雕，寥寥几笔带过，更多留皮保留原石之美。作品流畅的线条和饱满的弧面，将羲之与鹅表现得生动自然，寓意美好祥和。

"京都玉医" 田健桥

玉雕创作，思考见真知。
————田健桥

《平安牌》

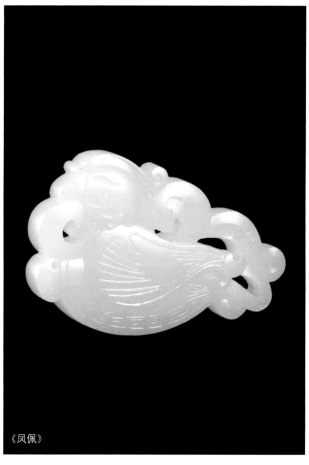

《凤佩》

《咏歌太平》

2000 年初，田健桥在京建立了玉雕工作室。其风格独特，在继承传统的基础上，巧妙地将一些质地差、绺裂多，甚至被人扔掉的各种劣质玉石材料变废为宝，以新、奇、特的表现思路，巧夺天工，被人誉为"京都玉医"，可谓来时是腐朽，走时为神奇。

在玉雕的设计制作上，他打破了传统的制作手法，创立了现代几何玉雕新概念，使琢玉速度与新中国成立时期相比提高了几十倍，并融入了中国画的古代十八描，山水画的皴、擦、点、染、大小斧劈，整体处理上的散点透视与西画的焦点透视及三维立体等元素，使中国玉雕水平得到了进一步提升，其作品在历届博览会上多次获奖，并被海内外各界人士收藏。

二十多年玉雕经验，田健桥把中国的玉雕艺术与西洋的学院派雕刻艺术相结合，运用现代化的雕刻工具及技艺，创作了大量玉雕作品，作品题材广泛，生动有趣，艺术价值很高。

他的玉雕技艺科技成果也越来越多地引起玉界关注：如普通玉石改色墨玉工艺（适合各种材料及成品活）；青白玉人工巧色工艺（适合各种品件的局部处理）；烤金处理工艺（适合各种动物产品的遮绺处理）；黑红拉丝工艺（适合子料及产品局部处理）；灰皮处理工艺（适合各种品件的特殊处理）；高古白皮工艺（适合仿高古品件，给人感觉是自然风化有千万年之久）；各色沙皮工艺（适合各种品件的局部处理）；自然棕旧处理（适合各种玉料及成品处理）；朱砂制印工艺（适合各种产品的落款）；玉石拍铜工艺等。

中华传统文化积淀了丰厚瑰丽的国学资源，多姿多彩的民间文化也构成了一个巨大丰富的中华文化资源宝库，玉雕艺术家如果能建立起一种自觉意识，从中汲取营养，提取素材，开阔眼界，获得灵感，那么，中国玉雕艺术的文化价值张力和文化生命活力，将会大大得以强化。

《羲之爱鹅图》

童年

童年那些质朴、单纯的美好，在大师精湛的技艺下得以再现。巧妙利用的糖色使篓筐和小狗浑然一体，似乎令人随时可以回到旧日时光，走进白玉般纯真的梦中。

苏然艺术粲然可观

所有雕刻只是外在人工修饰，玉雕作品真正的灵魂在玉石本身，用最简洁的图案，最大限度地
展现玉石的自然风采，才是真正的大师风范。

——苏然

《瑞兽》

已经和玉打了几十年的交道，在这个男人主宰的玉雕世界中，一路上数不清的困难和变动都没有阻挡她追梦的脚步，最终被无数藏家认可，形成自己独特的风格。她就是著名的女玉雕大师苏然。

在技术上，她继承了我国宫廷玉器雄浑大气的风格，同时，在图纹花样上进行变化。她还从我国民间艺术中汲取营养，使玉雕融入其他姊妹艺术元素，圈内人评价她是玉雕"宫廷派中的现代派"。

在意境追求上，她比较讲究文人的闲情和画意，追求一种巧妙的构思，讲究雕刻精细。对苏然来说，她认为最难的就是形成自己的风格，使自己的作品让别人一眼就能从众多玉雕作品中得以辨识。

她觉得自己在雕刻时达到一种忘名、忘利、忘我的境界，看每一块石头都是有生命的。"一块石头在不同的人手中的价值不同，作为一名琢玉人，能挖掘出玉石最大的潜力，发挥出它最大的价值是最重要的。"

大气、唯美、严谨、个性、前卫、率真……这些在一般人看来应归为非同类之列，甚至是相互对立的创作风格，在苏然的作品中浑然融为了一体。

没有扭捏作态，没有矫揉造作，朴素、自然、实在，透着一种"却嫌脂粉污颜色，淡扫娥眉朝自尊"的风韵。苏然风格的雕刻不一味强调工艺，而是结合自己的兴趣爱好，注入自己的思想。短短几年间，名声已是享誉京城。

有一件撒金皮的子料把件，客人已是急不可耐地想尽快地见到作品问世。按照套路来做，设计顺风顺水，下面的磨玉工作做起来也会顺心顺手。而苏然却说："现在的原料非常稀少和昂贵，艺术家对之施艺过程，是价值发现和再升值过程。我们应通过巧妙的设计、细腻的雕琢使作品高雅、别致，具有较高的艺术水平和收藏潜力，我不能让后人说我徒有虚名"。守名如玉，也是苏然对玉雕的一种领悟。

苏然的作品独树一帜，不尽是南派，尽管她的作品有时也细腻如小桥流水、小鸟依人、吴语呢喃；也不尽

《凤鸟佩》

是北派，尽管她的作品有时也粗犷如雪域大漠、苍鹰击空、秦腔铿锵。她对于玉雕居高临下的审视犹如君临天下，又是典型的宫廷派。她的作品落上款识是苏然作品，而没有款识只看作品的雕工、布局、立意也能看出出自苏然之手。

苏然常说，比起人来，她更喜欢与自然纯朴的玉石打交道。面对那些集日月之精华的天作尤物，她会感到无比的轻松与愉悦。没有尔虞我诈，无需钩心斗角，一切都来得那么单纯和自然。一块玉石，一个灵感，一双巧手，就能创造美丽。这个过程也许看似简单，但每块玉石的生成都要历经上万年，每个灵感的触发都需要自由驰骋的思想，而练就一双巧手更是天赋与努力缺一不可。经过二十余年的雕琢，苏然已把自己从一粒朴素无华的玉料，变成为了玉雕界一块夺目的美玉。

《空山新雨》

宜子孙

玉佩在身，总给人宁静致远、祥瑞典雅之感。苏然大师有各类风格的玉雕作品，此件《宜子孙》白玉佩端庄规整，古典之精美扑面而来。

李东禅心古意

识美玉、求拙气、正吾玉风，
勤修道、顿悟禅、艺海无边。
——李东

《跨虎入山》

《青梅煮酒论英雄》

《永受嘉福》

玉之道，乃属自然道法之道。玉本源于自然，施以琢磨而成器，但不可过之，还原自然之本乃制玉之道；玉有生灵，得缘于吾辈拥有，乃是幸事。和田美玉，天地造化结晶，不可因过多的雕饰而使之气损。

李东认为，琢玉分四品：

一品为"有"，即从学徒到手艺上身，可为谋生之计，完成简单的工艺品制作。

二品为"精"，能从师傅那儿把真东西领悟后，制作到精细程度时，完成了一个质的飞跃；可通过制作完成作品后，产生自信，制作工艺较成熟。

三品为"绝"，现在能够达到绝品的作品也较多，工艺品中的绝是指区别于他人的绝技、密技，别人无法效仿的独门功夫。

四品为"化"，出神入化境界最是难得，"神"品的出现，是天赐美玉而生奇缘。悟道而生"气"，天嘱君子而结。此类作品境界一定是高雅脱俗，与精绝之作不同的是，作品

里有精神；玉品之高，玩后细品，佩身上不愿离弃之"玩意儿"也。能出此神品达到此境界的乃大师也，治玉的大师亦为调气大师，但仅仅依靠工艺精湛是不能够出神品的。

如果仅仅是为了吸引观者的眼球，取悦消费者，就是空壳艺术，无深度和灵魂。作品是要有精神，要有主题，讲究"气"的。提到"气"，玉之"气"何在？李东告诉我们："按艺术气韵应分为俗气、匠气、市井气和清逸之真气。"

一件好的作品该有好的主题，玉乃万物之灵聚，人乃万物之主宰，还原自然，给予玉以人的主宰之气才是正果。这个气就是在大师的作品里弥漫着的一种属于天地间的真气。其实这种东西实在是一个艺术大师能不能够超然的根本前提。一个熟练的玉雕工艺师，他可以雕出一件产生视觉审美达到赏心悦目的作品，可赏心悦目只是审美意义上的较低层次，只停留在感观愉悦的阶段。那么高层次的是什么呢？是荡气回肠，是内心的撼动，是灵魂的激荡。如果仅仅追求赏心悦目的可观可看，停留在吸引眼球的层次上，将无法成为

《自在观音》

大师，则只能是工艺匠人罢了。

李东说："玉雕作品是艺术品而非产品，不是单纯的技艺展露；技巧是有限的，人的心境是无限的，有感而发的激荡之作乃上品中的神品。玉雕是可以品出味道的，如美食有南甜、北咸、东辣、西酸之说。玉更有其独有的味道，南方玉作给人以甜美之感，工精入微，像品尝一道道精美的江南小菜。北方玉雕则磅礴大气，拙中体现豪迈情怀，像北方的菜肴，大盘大碗真诚而又实惠。北京有着悠久的皇城文化，以特有的胸怀接纳新鲜事物。清代乾隆盛世设立皇宫造办处

制作玉器，集南北玉工之长，玉作给人以皇家特有大气之感。北京玉雕是融南北工艺之玉文化盛宴。"

李东的创作经验是：雕兽应具有人的性格特征；雕植物要有生命，是生长的、灵的、活的；雕人物是讲究品相的，是神话色彩的，是讲究面相学的，是可亲近、可膜拜的神，而不是凭空的想象、扭曲的单纯，追求什么线条美的所谓工艺精品。他主张应继承拙朴之气，以便玉友们不至于把甜品吃腻而茫然无可取，对玉产生厌倦，产生视觉上的审美疲劳。

福报贵人

作品抽象与具象相结合，写实与写意相结合，高浮雕与浅浮雕相结合。创意上大胆创新，以"伏豹"寓意福报，螭龙雄居于下，寓意贵人内心执有自强不息的信念，必有天助。贵人垂目凝神，心生善念，安详从容之态把"何为贵"进行了更深层次的诠释。善念者与天地相合，万物相助，必有福报。

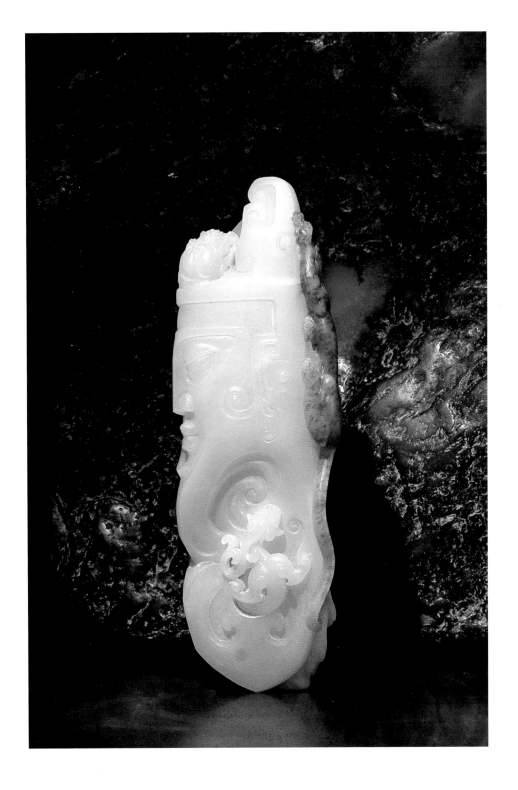

ZHUANJIAXINLUN

专家新论

和田玉高端珠宝首饰化

文 / 马国钦

和田玉优质材料的珠宝首饰化，是实现和田玉世界文化价值观认同的有效手段，是和田玉走向世界的重要途径。

一、珠宝首饰及其由来

"珠宝"一词何时而来已无从考究，但早已被人类所熟知。汉字中"珠"字是形声字，"王"（玉）为形，"朱"为声，引申指玉质的珠子，最早是指珍珠。顾名思义，"珠"泛指珍珠宝石等贵重物品。如今人们一般习惯将金银等金属之外的天然材料（矿物、岩石、生物等）制成的，具有一定价值的首饰、工艺品或其他珍藏统称为珠宝。

宝石的定义很广，可用来描述任何瑰丽、耐久、稀罕而被高度珍视的矿物。宝石是以切割和抛光等方式改变其形状而增值的矿物。大部分宝石开始是以矿物晶体（如金刚石、蓝宝石等）或晶体集合体（如孔雀石、硬玉、软玉等）形式出现。少数有机非品质矿物（如珍珠和琥珀）也被归类为宝石，它们通常被称为有机宝石。人类使用宝石的历史很悠久，至少在旧石器时期（从距今约300万年开始，延续到距今1万年左右为止），当时人们已经用一些简单的贝壳、骨块、卵石等来装饰自己。人类打磨修整术出现以后，开始选用更坚硬的打磨修整后能发出艳丽光泽的宝石了。

因此，珠宝一词应该既包含珠（有机类的）又包含宝石（矿物）。而珠宝最早都是人类用做装饰的，且又戴在颈上，故曰首饰，珠宝首饰由此而得"名"。

二、东西方文化的差异与融合

目前，世界已探明的矿物超过40000种，而可用作宝石的仅有100余种，属珍贵类宝石的仅有20～30种，但为人们公认的珍贵类宝石还需有很长的历史形成过程和人类精神的寄托承载。因此，在大千物质世界中，宝石都是很珍贵的，它首先又是用来佩饰的，因此珠宝玉石的第一个功能应首先是"饰"，而不是"藏"。

珠宝最早是用来佩饰的，而后随着人类社会的不断发展，进而形成了阶层、阶级、族群观等，形成了人类最早的宗教意识。原始宗教的一个重要特点就是万物有灵论，即任何一种自然物中都有神灵存在，这些神灵或者对人有益，或有害。当人类进入神权社会后，对珠

始动力，以至于发展至今都对人类社会的物质文明和精神文明的提高具有非常重要的推动作用。比如，曾经驰骋全球，号称"日不落帝国"的英帝国王冠，就是用各类宝石镶嵌，富丽堂皇，昭示着至高无上的权力。再比如中国封建社会的玉玺，象征着皇家的权力，象征着皇权至上，天子拥用玉玺更意为皇帝即天子，代天行事。当人类社会由神权社会进入王权社会（皇权社会）后，珠宝又被视为不仅是财富的象征，更是权力、地位的象征，诸如王冠、玉玺、宝石权杖等，无处不在显示着它的尊贵和神圣。

在王权和皇权社会发展到一定时期时，珠宝又被用于象征着人类的大爱、品格与人类精神，象征着永恒、健康。

世界上钻石被视为爱情的结晶，在婚嫁文化中第一次体现是在1477年8月18日，腓特烈三世之子马克西米利安一世迎娶勃艮地公爵独女玛利。在订婚典礼上，约瑟夫大公爵钻石被镶嵌于订婚戒指上赠予玛利公主，这是人类历史上第一枚订婚钻戒。钻石开始风靡国内，是在1993年钻石公司在香港创造出了"钻石恒久远，一颗永相传"的广告之后。该广告创意体现了钻石的坚硬，又体现钻石的财富传承性，更意味着爱情的崇高致远，而被国人广为关注。

宝产生了宗教性的理解，经常在原始宗教活动中开始使用珠宝。但无论是简单的原始宗教，还是现代宗教，其共同点是都有自己在天上的保护神。因此与之相关的灵物常被制作成各种佩饰，被当作护身符佩戴。

由于人类社会认识的不同，形成了东西方文化的差异，西方为宝石文化，东方则大部分是玉石文化。当然，受宗教的影响，东方也在接受宝石文化。但无论是东方还是西方，人们都把信仰寄托于珠宝上，因此宗教对珠宝的发展起到了至关重要的作用。

道教的发源地是昆仑山，其蕴藏有大量的和田玉，故和田玉成为了付托物，随着儒家学说的盛行，儒、释、道均与和田玉结下了不解之缘。因此和田玉也就成为了我们中华民族的文化价值承载物和精神承载物。

如今，每一个国家与地区各种宗教共存，每一个宗教也呈现多民族性。人们信仰的自由将宗教生活带入了世界的每一个角落，人类精神文化的大融合、物质文明的大融合是社会发展的大趋势。

珠宝是人类文明进化史的见证，是人类文明发展的

2008年北京奥运会上，金镶和田玉的完美结合让世人瞩目，在体现全球人类勇于拼搏、和谐共处精神的盛会上，将和田玉首次与奥运精神结合，体现了中西方文化结合的灿烂。同时也将和田玉文化带入世界的每个角落，更意味着玉文化走出国门，走向世界。

三、和田玉精品高端珠宝首饰化的文化价值认同

和田玉精品高端珠宝首饰化是和田玉文化价值观在新时期走向世界的基础。和田玉在中国开发利用已有8000多年的历史。到后来有了古今中外闻名的"玉石之路"。中华玉文化得以推广、传承、发扬，和田玉成为了中华民族不断繁衍、生息壮大的精神承载物。

和田玉是中华民族的精神承载物，是集天、地、人三气为一体，含儒、释、道三家文化为一身的珍贵宝石。和田玉要走向世界，首要的是要实现和田玉与宝石共同的价值观认同，和田玉的价值观要融入宝石文化价值元素，要与世界文化价值观相融合。它不仅从物质属性上属于世界矿物界对珍贵宝石类的定义，而且在历史文化传承上都与目前世界认同的宝石价值观相同。中华玉石文明始终没有中断过，其根本原因就是我们中华民族的和出土文化价值观的几千年不断的历史传承。

任何民族的文化价值观都首先是从珠宝首饰文化开始传播的，并具有很好的价值效应。和田玉文化传播也应是和田玉的珠宝首饰化传播先行，特别是高端的和田玉珠宝首饰化是实现和田玉文化价值观世界认同的有效手段。这是由于，其一，珠宝首饰首先都具有最基本的物质资本，是人类物质生活的精神保证，具有最广的广泛性和基础价值性；其二，珠宝首饰是人类最早的，也是发展至今人们共同认可的物质财富价值观；其三，珠宝首饰是人类社会宗教神圣思想价值观的精神承载，是人类社会向更高文明阶段发展的基石，是各民族文化大融合、文明大交流的精神传承物；其四，珠宝首饰价值观是人类不断追求更高物质生活和精神生活的物质保证，越承载越富有。

和田玉文化价值观要有一个世界认知的过程，也要和世界五大宝石价值观的传播途径相同。而优质和田玉作为物质资源非常稀少，尤其是中高端的和田玉子料，其价值高且具有很大的成长性。以高端珠宝首饰佩戴的形式传播，以价值增值的资本理念去交流，以博大的文化去弘扬，和田玉文化在不久的将来一定会得到世界的认可。

四、金镶玉的发展与和田玉精品珠宝首饰化

和田玉文化历史悠久，很多工艺一直沿用至今。金镶玉也不例外，古代历史上就有这种工艺。它最早源于商周时代用于青铜器器皿、车马器具及兵器等实用器物上装饰图案的金银错工艺。金银错是我国青铜时代一项精细工艺，但它出现比较晚，大概是青铜工艺发展了一千多年以后，即到春秋中晚期才兴盛起来的。它是我国古代科学技术发展到一定阶段的产物，它的出现，很快就受到了人们的普遍欢迎。

金镶玉又称镀金锡镶工艺，即在玉石、陶瓷、紫砂、琉璃等工艺品表面镶锡包金的工艺称谓。它的历史与和氏璧颇有渊源。传说王莽篡位后，胁迫皇太后交出玉玺，皇太后一怒之下将玉玺摔在地上，崩掉一角。后来王莽命能工巧匠进行整修，用黄金镶上了缺角，被称为"金镶玉玺"，"金镶玉"便由此得名。

金镶玉工艺在我国漫长的历史上曾几度失传，又几度恢复传承。直到2008年北京奥运会上，奥运奖牌的创新设计，让早已被消费者和珠宝业界人士遗忘且束之高阁的传统金镶玉技艺，才又被重新发掘和重视。据有关资料显示，在2008年北京奥运会过后，金镶玉相关产品的研发和设计生产迎来史上最高关注度。无论年迈老者还是时尚青年，都以拥有一款以金镶玉传统技法打造而成的珠宝首饰而深感荣耀。

这一现象亦进一步促进了一些传统老字号珠宝企业的快速发展，并把这一古老工艺发挥得淋漓尽致。因此可以说金镶玉首饰是中华传统玉文化的再复兴。由此可见，和田玉高端珠宝首饰化是实现和田玉文化价值观世界认同的有效手段。

本文作者为新疆和田玉市场信息联盟轮值主席、中国和田玉高级鉴赏师

玉雕创新与著作权保护

文 / 刘忠荣

在中国玉雕历史上，子冈牌奠定了一种典范。它始出于明代，为明代玉雕大师陆子冈所创。它的经典形式是两面雕，一面琢磨山水、花鸟、人物、瑞兽等图案，另一面雕刻诗文、书法、印章等。但在全国各大博物馆中，无一家敢称"此牌系陆子冈亲自所刻"。文章开头举这样一个例子，我想说的是，这就是因为没有著作权所导致的弊端。美玉稀有珍贵，玉雕作品的创作及创新包含了琢玉者的辛劳和智慧，著作权保护非常重要。

我国政府对传统技艺保护非常重视，把玉雕行业列入文化产业，同时被纳入国家级非物质文化遗产名录予以保护。提出了增强文化创造力，促进文化产业大发展、大繁荣，建设文化强国的发展战略。

《蜗牛》

《一路连科》

《子冈牌》

玉雕作品是玉雕工作者的艺术创造，需要建立健全有效的著作权保护法规，依法对玉雕作品著作权进行有效的保护，这也是对玉雕产业长远发展的一个法律保障。

著作权法律保护的对象，必须具备以下两个条件：一是作品具有独创，即原创性；二是作品要有客观的表现形式，有了这个客观的表现形式，才会有法律所保护的客体。而对著作权保护主要体现在，一旦成功申请到著作权，享有著作权的作者可以决定是否对他的作品进行著作权意义上的使用；可以决定是否就他的作品实施某些涉及他人的人格利益的行为此外，可以在必要的时候请求有关国家以强制的协助来保护或实现他的权利。

虽然，在目前的法律体系中，有知识产权的相关法规条例，但在实际操作过程中，对著作权的保护操作起来比较困难，很多人感觉没用。但还需要提醒的是，知识产权保护最核心的部分是发明专利，玉雕创作者不去申请著作权登记保护，但一定要对原创玉雕工艺与作品申请发明专利。如果申请不及时，一旦被他人抢先申请注册，受到这种侵权，维权的难度很大。

常有拍卖公司找我，要我的玉雕作品上拍，但大多被我拒绝，原因是他们拍卖公司缺乏有效的著作权审核与保护措施，我的作品的著作权无法得到有效的保障。如果这些拍卖公司能做到，对于当代艺术家的作品，没有著作权的不让拍卖；对于古玉，拍卖公司敢用自己的诚信为其保真，我再考虑进他们这个拍场。

到目前为止，我已有200多有件著作权登记的玉雕作品，在这条维权路上走得有点孤独，可能是玉雕大师当中唯一的一位。我把玉雕创作视作我生命的一部分，一直还在坚持亲手做玉。而有一些大师因年事已高，眼力、体力衰退的原因，只从事设计而不能雕琢了。还有的过于看重商机，而早早离开创作第一线，既不设计也不雕琢了。久而久之，这些大师渐渐变得有名无实了，真正做起玉来，甚至做不过一些后起之秀，也就干脆不做，改走经商的路子。而他们旗下的玉工毕竟缺乏绘画、设计、制作的综合技能，只能靠模仿、抄袭来完成作品，这样的作品自然不过硬，冠之某某"大师"之名更是无法追溯。所以这部分人不会想到去维权，也不敢去维权。我所有的作品都是自己设计自己制作的，我有这个维权的底气，会理直气壮地去维权。

依法保护玉雕著作权，对玉雕从业人员和玉雕产业的长远发展意义重大。玉雕工作者对作品依法保护著作权，一是可以保障优秀玉雕作品传承有序；二是可以在保护玉雕创作者自己知识产权的同时，也起到对玉雕创作者自律作用；三是促使玉雕艺术品市场管理有序，保障每件作品脉络清晰，遏制行业内和市场上相互模仿与剽窃现象。希望广大玉雕从业者及玉器收藏家和爱好者在关注玉雕创新的同时，也更加关注玉雕作品的著作权保护，使玉雕行业和玉器市场更加有序规范。

本文作者为中国工艺美术大师、海派玉雕名家

CHUANGYISHIDAI

创意时代

《觚》

师古不泥古　涉新不流俗

文／蒋喜

　　"师古"是指以前人为师，学习前人的优长，来提高自己现有的水平。"泥古"是指拘泥于前人的陈规，而不加以变通，死板地照搬，不能活用。师古而不泥古是指师法古人而不拘泥于古人，即在学习古人的时候还要力求创新和发展。那么玉雕是怎样在古、今之间进行探索的呢？我认为师古而不泥古其实质就是传承和创新的问题，是形似与神似之间的关系。

　　想要师古而不泥古，涉新而不流俗，我认为如果从来就没有把古人的东西学到手，就无从谈"师古"，如果"不师古"又何来"不泥古"，如此也就无所谓涉新，更谈不上不流俗。古往今来的大家都真诚地来表达对老师的敬重，如果不是这样，怎么能学到老师的真本领？"摹"能知形懂法，晓明事理；"改"能去腐更生，适从性情；"创"能身手随心，动静在理，果结

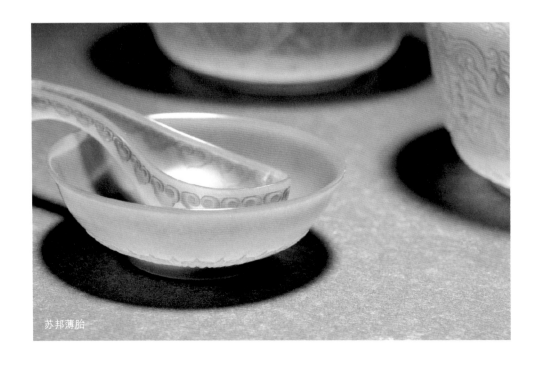

苏邦薄胎

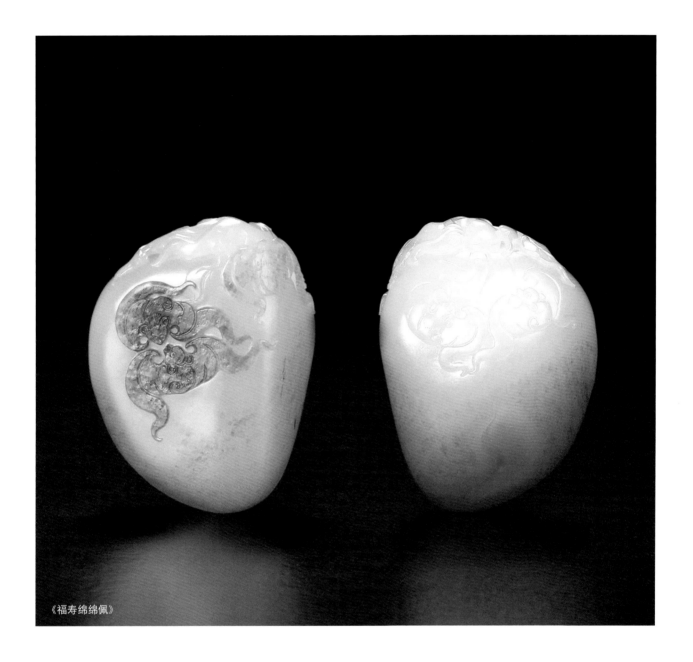

《福寿绵绵佩》

善美而见新。

我认为如果能理解古代艺术所传达出的精神内涵，并吸收其精华，做到了既保留传统的美学价值，又符合了当代的审美情趣这就是"师古而不泥古"。当然这其中最关键的是还要有自己的思考、总结和感悟，产生出本人的思想与创作灵感。这是我对这个概念的理解，也是我的艺术追求。

诚然，雕刻艺术提倡的也一定是创造力，但创造力并不意味着独家专利。因而，所有的明智均体现在对传统的传承和发扬。传统的东西是一种榜样，值得效仿，而效仿的真意，

则是深究后的扬弃和典藏。这样的接力传承，正似一个生命托生成另一个生命体再延续。

我们大家都在"师古"，也都在努力地不"泥古"，并竭力地去"创新"。这条路我也会一直走下去，为"度物象而取其真"而不断地努力。

努力读懂古代玉雕的创意与设计，用古代玉雕的表现元素融入现代人的审美意识和标准，用古代的刀法结合现代的工艺，雕出具有"古韵今风"的当代作品，这就是我追求的风格所在。古今辟邪、翁仲、八刀蝉等设计和雕刻的"变化"，

《龙凤对牌》

是"神似"的另一种新表述。我的作品《龙凤对牌》《薄胎品茗茶具》的与众不同也正是我对传承与创新这一命题的新理解。

比如《薄胎品茗茶具》，我会在苏邦玉雕特色"薄胎"工艺基础上，以作品的简约庄重、规整统一、文雅内秀，来阐述"文气、精致、灵巧、柔美"的苏邦玉雕的特点，探索了"料""技""艺"的有机融合，在玉石天然形成的安宁静美的氛围中，优雅简约、匀净质朴、清新自然、浑然一体，浸润着浓浓的茶香玉韵，将中华的玉文化、茶文化、园林艺术融为一体。"品茗赏玉润人生"成为了人文思想的精神载体，也是本人"古韵新风"的一次新的尝试。

古人早就提倡创新，早在三百多年前清代著名的画家石涛在论述国画创作时就曾经说过"笔墨当随时代"。玉雕更

应如此。加强学习、转变观念、勇于创新，这是本人玉雕的必经之路。努力提高技艺的突破力度和艺术创新的含量，在继承中创新，在继承传统文化的基础上增加创意和设计的含量。创新主要就是感悟古今共通的东西，并用心地领悟能有所超越的东西，包括它的设计理念，雕玉的精神，还有其中蕴含着的已经很难用文字来表达的魅力，从中寻找它留给我的启迪。同时还要更多地了解现代时尚，努力掌握现代的审美标准，并努力突出文化的体现和设计、创意的重要性。

本文作者为中国玉石雕刻大师

当代玉雕的"海派现象"

文 / 李维翰

　　我从 20 世纪 70 年代初开始从事玉雕，经历和见证了 40 多年来我国这一时期玉雕行业所走过历程。我认为，当代玉雕应当分为 20 世纪下半叶和 21 世纪开端这样两个阶段。20 世纪下半叶处在计划经济时期的玉雕是产品，担负着特殊的使命，当时全国（包括上海）的玉雕厂的所有产品，都是由国家外贸公司统一收购，用于出口创汇。当时在玉雕厂里从事学艺和生产工作，虽然很辛苦但也很荣耀。"出口创汇，为国争光。""百花齐放，推陈出新。""古为今用，学好技艺。"这些口号，在当年激励着、鞭策着很多的青年玉雕工人努力学好技艺，勤奋地工作生产，为国家出口创汇而精雕细刻，为集体赢得荣誉。

　　当时的上海玉雕厂生产的产品，被称为"上海工"，是精巧细致的代名词。在 1980 年，由国家轻工业部举办的全国玉雕五大类品种雕刻技能操作大比武中，上海玉雕厂选拔的青年技工宋鸣放、袁新根、冯碧荣等，都获得了很好的成绩，代表着上海玉雕青工的技艺水平。现在回想起来依然觉得这些很有意义，也很难忘怀。这些都应当记入当代上海玉雕的发展史。

第六届上海玉龙奖主题论坛

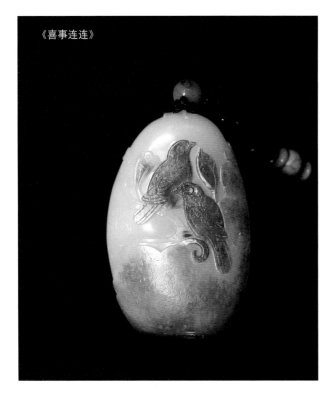

《喜事连连》

从 20 世纪的"上海玉雕"到如今的"海派玉雕"是一脉相承的。在改革开放市场经济全面发展的大背景下，上海玉雕迎合时代发展，广开创作思路，海纳八方人才，走过了一段辉煌而又不平凡的历程。同时，上海有着很好的文化氛围和很强的包容性，近年来有很多的外地玉雕师融入了上海，丰富充实了上海玉雕，形成了新的"海派玉雕"。除了继承精细精良的传统工艺之外，如今的海派玉雕更加强调人文的"设计元素"，即着力于艺术的创造，追求创意的巧妙、技艺风格的独特。今天的海派玉雕，一方面继承传统玉雕技艺，另一方面吸收外来文化精髓，是特定的历史时期、特定的文化与地域因素相结合的产物。海派玉雕形成了当今美中有异的玉雕艺术特色，是古老的、传统的玉雕艺术经过不断的传承，发展到了当代所形成的又一次玉雕艺术的辉煌。

海派玉雕传承于当年的上海玉雕厂，借助于今日上海开明开放的文化土壤而愈加繁荣，可以说是"既有传承又有纳新"。显然，我们在观赏其绚丽作品，赞赏其艺术辉煌的同时，海派玉雕形成与发展过程中的许多方面，也值得我们去深入探讨和研究。

一、海派玉雕是当代玉雕艺术发展值得关注的现象

改革开放以来，经济飞速发展，迎来了玉雕艺术创新繁荣的春天。过去的玉雕是出口于外，为国争光；现在的玉雕是满足于民需求，繁荣社会，时代背景不一样了。经过了 30 多年的经济发展，人民生活水平的不断提高使得玉雕艺术有了社会的需求。人民大众喜爱玉器，收藏玉器，呼唤着适应当下审美需求的玉雕艺术精品不断涌现。海派玉雕就是在这样的新的时代背景下，顺应潮流，兼容并蓄，在上海玉雕精细风格的基础上，融汇扬帮、苏帮、南帮以及宫廷玉雕的工艺风格，继承了中国明清玉雕精华，博采众长，不断探索进取，于近年来得到长足发展，取得了令人瞩目的成就。以上海为中心，涌现出了一大批具有艺术代表性的玉雕高手，实在引人注目。

在人们的眼中，现在的海派玉雕的特征，不仅仅只是工艺的精湛、雕工的精细，人们更关注的是他们丰富的创作题材、清新的创意形象、鲜明的个性风格以及对新颖玉材的使用。诸多方面的精彩，汇聚成了当今鲜明的海派玉雕文化现象。可以说，如今的海派玉雕宛如一股清新的气流，引领着当代玉雕发展的潮流。

值得关注的还有，海派玉雕作品融入了诸多的现代的、时尚的元素。在构图、线条、造型、色彩等方面，把形式美与内蕴美的关系，以新的特殊方式组合在一起，使得作品既具有传统美学的风格同时又有个性的差别。一些大师的工作室，把新的艺术理念引入玉雕，将无形化为有形，将不可表达变为可表达。海派玉雕新颖的艺术表达形式，无疑激起了当代人们对玉雕艺术跨越时代的审美情感，对这些海派玉雕的文化现象，值得我们很好地探讨和研究。

二、海派玉雕的与时俱进是当代玉雕艺术的一个风向标

人们喜爱海派玉雕的理由，体现在两个方面：一是作品精到的工艺质量，二是艺术个性的独特。客观地说，近年来就玉雕艺术的传承创新上，海派玉雕一直处于全国玉雕行业的领先地位。海派玉雕的真正贡献在于"海纳"和"精作"。它的"海纳"包罗万象：人才上、手法上的自不待说，就艺术形式而言，无论是绘画、雕塑、书法、石刻、民间皮影和剪纸、当代抽象艺术，只要是美的，只要是好的，都可以"海纳"进来，为我所用。

还有一点也很重要：上海的玉雕大师们首先创造了

《指日高升牌》

数爱好玉雕的人们所追崇的目标。

三、海派玉雕肩负着时代使命与民族文化输出重任

在专业的传承方面，海派玉雕也堪称楷模。今年上海玉雕"玉龙奖"上所表彰的师徒传承"三代同堂"的感人一幕，在人心浮躁的今天实属难得。实际上，它说明了艺术的可贵之处在于品质，只有人品卓越作品才能超群。玉雕技艺的传承也是文化的传承、艺术的传承，更是一个传统行业优秀品质的传承。这一点，海派玉雕的优秀大师们可谓担当大义。

古老而又新颖的玉雕艺术，不仅仅带给了我们审美的愉悦、视觉的美感，更重要的是它带给我们精神生活的享受。我想，玉雕还是我们的国粹，它是与武术、京剧、书法一样深邃的艺术，也同样是我们的国宝，是东方艺术的精粹。

上海近年来，每年都举办玉雕作品的专业评比，这无疑对玉雕艺术的提高和行业的发展起到了积极的推动作用。在当代玉雕技艺的弘扬传播方面，上海的平台也成为全国的平台，全国各主要的玉雕产区都踊跃地参加上海的评选活动，这也说明了"海派玉雕，

"艺术工作室"这样一种创作的模式。这也是把玉雕作品从以前的传统的"工艺品"，向着当代的名符其实的"艺术品"转变的一个关键性的飞跃。大家可以看到，当今出自大师工作室的精彩的海派玉雕作品，不仅令人目不暇接，其中的"精作"更是令人惊异。料色的应用、异想、巧作和精制独具匠心；题材的传承、转化、创新非常丰富；工艺的理解、发扬、运用和变幻更加神化；思想的发现、

嫁接、延续和突破，也体现了当今的时代风貌……我们还欣喜地看到，海派玉雕的艺术家们创造和发展的海派风格玉雕，也顺理成章地成为社会上新的收藏、投资的热点，在某种程度上，大师的作品成为引领人们欣赏当代玉雕艺术的风向标。

文化的体现，艺术的价值观，是海派玉雕活跃发展的动力和源泉。同时，玉雕又是一门有着悠久历史传统的艺术门类。玉器大可以尊

为宫廷专用，小也可以入俗民间老幼喜欢，满足不同群体的审美需要。我们注意到，无论是大件作品，还是小的配饰、手把件，近年来海派玉雕作品的引领效应也是非常明显的。由此我们确信，当代的海派玉雕，真正是体现出了"雅俗共赏"。人们喜好海派玉雕的现象，非常地相似于被朗格称之为"有意味"的美的运动形式，是所有视觉艺术的共性所在。海派玉雕，可以说是被大多

《曲水流觞》

"海纳百川"的聚合作用，说明了上海玉雕在全国的凝聚力。除此之外，每当上海举办玉雕作品评比活动的时候，上海新闻媒体的关注度以及对活动的报道很值得称道，以至于形成了评比活动中的一大亮点。

上海是一座具有浓郁的时尚文化氛围的城市。毋庸置疑，进入21世纪的中国，乘着改革求变、开放开明的东风，我们　力在不断增强，上海的重要国际地位也更加显现。我们知道，近现代的历史对中华民族来说，1840年是一个沉重的历史转折，一个拐点，中国由此进入了百年的磨难；而1949年又是一个转折和拐点，中华民族真正站起来了，并且由此迈入复兴之路。当今，世界经济一体化、经济全球化是大势所趋，中国的和平崛起，必然地要融入世界的发展潮流。经济大国成为文化强国，也决定了我们的国粹——玉雕艺术也定然会有走向世界艺术之林的那一天。

上海国际化大都市的地位，决定其在中外的经济和文化交流中，都担当着非常重要的角色。上海这块文化沃土，既传统又时尚，是创造奇迹的地方。如果说，中国的玉雕艺术要走出国门与国际对接交流的话，那么，海派玉雕定当一马当先，海派玉雕也具备这个资质与能力。可以想见，繁花似锦、美轮美奂的海派玉雕艺术，不仅得到了国人的喜爱，不久的将来也一定会得到不同国家的热爱艺术的人们的赏识。

由此我们感受到，在和平发展的盛世年华，海派玉雕所肩负着的时代使命，这个使命就是担当起弘扬国学、传承文化的历史重任，为弘扬中华玉雕文化，繁荣当代玉雕艺术而做出更大的贡献！

本文作者为玉文化学者，中国工艺美术学会玉文化专业委员会副会长

玉雕创作的俏色艺术

文 / 廖江华

　　俏色在玉雕工艺中占有极其重要的地位，恰当运用，会使玉雕作品达到一种极为理想的美感效应，但同时在一定程度上增加了玉雕作品设计与创作的难度。运用俏色要着重考虑玉石料型、颜色的多样变化，按料取材、因材施艺地进行创作，并把玉雕创作者独到的思想情感、人文理念融入其中，在人与玉石之间寻找一个完美的契合点，进而达到"人石合一"的艺术境界。本文结合笔者的创作实践与感触，从四个方面谈谈俏色玉雕艺术的表现与把握。

一、度玉审色，因材选题

　　玉雕本是遵循"天人合一"的艺术，俏色雕更是深得其精髓。但俏色艺术相对其他玉雕创作形式而言，有着一定的局限性，因为它要着重考虑玉石本身不规则的天然颜色。但俏色玉雕的迷人之处，恰恰在于在这种限制之中，凭着创作者的巧妙设计与灵活处理，将"人"与"石"巧妙融合，呈现出全新的艺术风貌，在禁锢之中绽放出一种惊心动魄的绝美风采。可以说，俏色雕刻既难又不难，既神秘又不神秘。

　　俏色雕刻讲究因材施艺，在对玉材色彩的运用上，要抓住以下两点：其一突出亮点，其二改瑕为瑜。突出亮点，是指将美色置于构图的明显的部位，将俏色作为亮点，起到画龙

《夜游赤壁》

《墨雨》

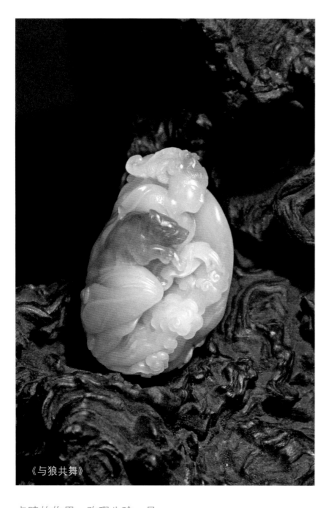

《与狼共舞》

点睛的作用；改瑕为瑜，是通过设计形象来清琢、掩去脏绺，甚至将瑕疵转化成美的点缀。在和田玉中，常见的瑕疵是料上的白色棉点或黑色脏点，对这种较为繁杂的瑕疵处理，就需要创作者在脑海里建立画面，把这些零碎的东西，用画面感去组合，把作品在千丝万缕之中抽出成形。如笔者的作品《踏雪寻梅》，便是将料上的棉点化作漫天飞舞的雪花，将黑色点缀成墨梅，将玉材的瑕疵反其道而用之，化作世间纯净美好之物。同时，这也是因材选题的典范，这种和田玉青花料，往往是白色与黑色共生，这本身便与中国水墨画极为接近，将其雕刻成典雅隽永的水墨作品可谓是恰到好处。在《踏雪寻梅》白雪与墨梅的相互掩映之中，有仕女绰约而行，画面清丽婉转，极富古典韵味。

二、以色立意，形由心生

在俏色作品中，立意往往要顺色而行（顺色，是指俏色与所表现对象的色调基本相似或相近），要对玉材颜色恰到好处地把握，尤其是在玉材呈现多色时，不仅要对主色、俏色有所侧重，还要对颜色的冷、暖色调进行合理的搭配。在整体画面上一定要简洁明朗，主题突出，构图严谨，既有空间感，又有紧凑感，既有空旷的地方，又要有很细腻之处，总之要掌握得恰到好处。对于有两种颜色的玉材，要用两种不同的具象物体去表现，如果具体物象太多，便不能突出重点，画面也就不伦不类。在色彩的运用中，要求创作者对于颜色有较高的敏锐度，这种敏锐源于对生活体悟的不断提炼，甚至要在微小的细节之中，将色彩的灵动面捕捉到，辅之以创作者的想象力，形成颜色相宜的画面。

立意不仅受颜色的影响，还有关心境。同一块材料，即使在同一个人手中，也可能会出现不同的诠释方式。它最后的呈现效果，与创作者的心境有关，包括生活的经历、感悟，等等。玉雕者心境也处于不断变化当中，在创作时，心情与感觉刚好停留在这一块，那么作品便定格在这一画面，至于画面的来源或虚幻或真实，都不重要，重要的是将它进行一种极致的表达，它不会受条条框框的约束而有所收敛，像是在梦境中无拘无束，欢乐或愉悦是超出人世间的所有美丽，悲凉是超出人世间所有古往今来的惆怅。而创作就是要把创作者的情感发挥到极致，发挥到一种超越世俗的高度，肆无忌惮，无拘无束，并以这种浓烈的情感去撼动他人。

三、以破求新，由画入境

在玉雕创作过程中，创作者要做到心到、手到。手到，心不到不行；心到，手不到也不行。即便如此，还要停得住，多一刀不行，少一刀也不行，艺术的"度"需要创作者在丰富的审美经验累积后，才能把握得住，而只有将度把握得恰到好处，才是最得宜的创作。从这一层面上来讲，太过于细腻、完美的创作，本身就是一种残缺。创作本就需要一种破坏性，在创作中要打破完美，从这种残缺之中寻找美丽。而打破的部分，正是最能证明创作者自己的东西。所谓的以破求新，就是通过思维与角度的不断变换，打破一些常规，但这种打破一定要有诉说内容，不论是哲理还是意境，一定要展示出新颖的东西，没有这个体现，这种打破是毫无意义的。

由画入境，是俏色艺术中的一个更高层次，即通过对作品的雕琢，将人们引入富有立体感的境界之中。雕竹，则有风之动感；雕虎，则可听猛虎咆哮之声；雕兰，则可闻扑鼻之幽香，让一些不能被看到的触觉，在静中有动的画面中体现出来。这个画面绝不是完全静止的，

《化蝶》

《倩女幽魂》

它是对动感画面的静态截取，是其中最具灵性的一个瞬间。将这个瞬间在捕获后定格，这个画面便具有立体的空间感，让观者可听、可闻、可感，从而由画入境。

四、似有非有，以文散形

中国的玉雕文化与西方不同，它大都不是具象的刻画，而是抽象的写意，对于一个物象甚至是一个画面，只用寥寥数个线条去勾勒。这种重意而不重形的表达方式，对线条质量有着很高的要求，要求把所有的内容都表现在线条勾勒出的简洁画面，并表达出深邃的意义。因此，在玉石雕刻中，往往要留有空白，让人们有更大的想象空间。玉雕的创作也一定要在似与不似之间游离，不能雕得太像，太像就少了韵味。比如荷花，当它开在荷塘里，人们远观之时，会加上湖面的薄雾，加上水面倒影，呈现一种隐隐约约的美感；如若将荷花捧到手里面，那么趣味就大大降低了。但又不能雕得什么都不像，这样则形散神散。我们追求的就是要似是而非，不做过于细致的勾画，而是着重刻画一种感觉，让观赏者顺着这种感觉找到符合自己内心的画面，达到一物有千形的艺术效果。

然则，玉雕中这种似是而非的艺术效果，必是要以文化为支撑的，当形似是而非时，文化是提炼其精髓的唯一线索。玉雕的创作离不开这浓厚的文化底蕴，这是中国人具有共性的文化特质。玉雕创作需要在文化的基础上进行艺术化的提炼、概括与表达，可以说，是文化决定着玉雕创作的内涵。只有在文化的基础上做散形处理，才有可能达到形散神聚的艺术效果。

MINGJIAMINGPIN

名家名品

品赏崔磊作品《连中三元》

文 / 刘灼　张亚丽

崔磊近照

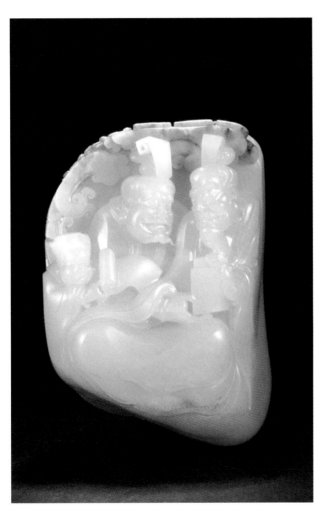

块料天生就等待合适它的人。"也许这块玉料已等待崔大师许久了。这是一块重 490 千克长方体的和田子料，体态饱满、稳重浑厚；玉质洁白细腻，温如凝脂；通体洒金皮色；顶部有条状僵石，被红皮镶嵌半边；整体色彩过渡自然，自成一体，浑然天成。崔大师以他非凡的悟性、独特的创意、简约的造型、精妙的俏色、精湛的雕技，突出主题，展现意境。作品正面设计表现了一士子在科举考试中连中解元、会元和状元的情形。他身罗罗袍，腰系冠带，头束角冕，手展朱卷，互托宝物，气度雍容，神采奕奕；描写人物从意气风发的少年到睿智淳厚的中年，以年龄的跨度表现士子磨穿铁砚、囊萤照读、头悬梁锥刺股的科考中举的艰辛；通过刻画人物面部肌肉的力量、骨骼的结构表现士子金榜题名时复杂的心理，表现古代读书人学至大成，"学优登仕，摄职从政"终极目标的实现和做官与荣耀交织在一起的成就感。作品背面设计了编缀成册的象征《四书》《五经》的竹木简牍，用这种中国历史上最早的书籍形式，叙述中国历史的悠长和久远、中华文明的博大精深；并用简洁的笔触设计画面上方的一朵祥云出岫、下方的一朵浪花簇拥，表现"天地人合一"，即天之道"始万物"、地之道"生万物"、人之道"成万物"的中国古典哲学思想。

崔磊大师还巧妙采用玉石上唯有的僵石部分，用八枚篆书印章形式雕琢了破题、承题、起讲、入手、起股、中股、后股、束股的八股文的八个部分。由于要求在起股、中股、后股、束股中都要有两股排比对偶文字，合计八股，故称"八股文"。八股文内容空洞，格式僵化，正如清康熙帝说八股文："空疏无用，实于政事无涉"，所以利用僵石来表现八股文的僵化性、无用性，巧妙无比，形象生动，寓意深刻。而且治玉者把"八股文"设计在人物的头顶上，表现明清以来的几百年无用僵化的"八股文"一直束缚人们的思想。

欣赏崔磊大师的作品无论从构思、造型、立意、技艺上均堪称完美，尤其在技法上有明显的自成一体的味道。崔磊大师作品在造型上给人以动态感、节奏感和唯美感，在内容上给人以叙事性、情景性和故事性，在思想上给人以深刻性、启迪性和人文性。尤其是他对中西文化的深刻理解，对人文关怀的至高境界更能深动人心，我想这也是艺术家崔磊大师艺术生命力持久向上的根源所在。

唯艺为尊，唯思为上，这是一个从艺者的睿智，其德与玉同美。

"连中三元"源于我国古代科举考试制度。一名考生在乡试、会试、殿试中获解元、会元、状元三项桂冠，史称"连中三元"。中国历代政府通过科举考试录用进士 10 万余人，连中三元的人却少之甚少，故有"朝为田舍郎，暮登天子堂"、"十年寒窗无人问，一举成名天下知"、"春风得意马蹄疾，一日看尽洛阳花"、"中状元着红袍，帽插宫花好鲜艳"等这些耳熟能详的诗词戏曲流传至今。它一方面描述了高举中第、大魁天下的士子地位对比及心理落差，另一方面表现我国古代科举考试制度选用人才上的现实状况。如何用玉雕作品表现这具有 1300 余年历史的科举考试，海派玉雕大师崔磊先生撷取"连中三元"为主题，在用料、施艺、立题、赋意上重磅推出了这一杰作。

记得崔磊大师说过"没有料的好坏，只有技艺的好坏。一

为玉雕创作注入正能量

文 / 于雪涛

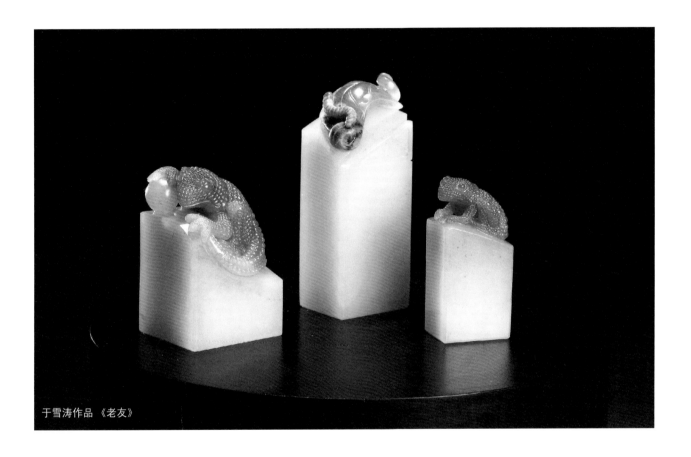

于雪涛作品 《老友》

如今在很多行业和领域，人们都体会到了市场的力量。人们越来越重视市场，也在学习怎样尊重市场的规律，怎样规范市场的秩序，最后怎样去营造和顺应市场。这不仅仅是在商界前沿，从事交易事务的人所要考虑的事情。作为玉雕人，作为从事艺术创作的人，其实也要考虑"市场"。但这个市场，更多地是指人们头脑中精神层面的"市场"，是时代观念、思想意识、主流审美的"市场"。

玉雕创作应该如何表达当代精神，如何引领大众审美，如何传递真情实感、发挥正能量呢？

玉雕是个传统手艺，这个传统体现在雕刻技法以及艺术功能上。雕刻技法说起来并不复杂，就是个实现立体造型的过程。古人玩圆雕、浮雕、镂雕，今人也玩；古人讲究线条、块面、神韵，今人也讲究。虽然我们现在的工具比古人先进，效率比

古人高，但是表现手法还是一样的。再说艺术功能，说白了就是传情达意、寄托思想。这一点也没变。但我觉得今天有些人误会了"传统"的含义，只把传统理解为"看着像古代的东西，看着像古人喜欢的口彩，看着全是古典元素"。这是不准确的。

我也曾经看见很多雕刻作品，各种材质的都有，不局限于玉石。发现有些雕刻者，脑子里只有"好卖"的概念，没有真正"好看"的概念，只想着市场经济，不考虑市场审美。比如我看见过某些雕刻作品，也都是珍稀的材质，可千篇一律都是"龙凤呈祥"、"达摩打坐"。看着仿佛是传统题材，其实我觉得它们跟传统一点不沾边。首先工艺的精细程度就不太够，其次没什么创意，"滥大街"的主题、造型，太多复制和抄袭，白白浪费了那么好的材料。

举个例子，鹿也是一种寓意吉祥的动物。我看过一个雕刻

范同生作品《苍龙教子》

张焕庆作品《三娘教子》

作品，两大群鹿向一条道上汇聚，作者大概是想表现鹿的多种情态，就把部分鹿的造型设计得很多样，有的回头，有的脑袋朝东或朝西，总而言之就是"东张西望"的鹿群。我觉得这作者一定没看过《动物世界》，鹿的数量已经达到了动物季节性大迁徙的规模，可是情态却很不科学。这样的鹿群，一定有领头鹿，而且每只鹿一定是朝着同一个方向，很专注地、很努力地前进，不会有这么闲散的姿态，这么悠然的气氛。

不论是复制抄袭，还是不合自然规律，类似失败的设计和创意，玉雕圈里也有。说到底，都是因为创作者没有真正用心去体察生活，没

有琢磨过生活中最真实的细节和情感。

也有人问过我，说怎么才叫有细节有情感？怎么才叫神韵逼真？这个标准根本就是模糊的，凭什么你说不好就是不好？

的确，对于玉雕审美，有些概念是比较虚的。比如，什么叫圆润浑厚？我的理解是，三岁的小孩子，笑嘻嘻出去跑了一圈，回来看他脸上那种白里透粉、粉中带油的感觉就叫"圆润浑厚"。当然，你也可以有别的联想，但关于"圆润浑厚"的联想并非是完全没有边界和范围的，它一定有共通的东西，它一定是能引起人会心微笑，给人以温暖而美好的一种感觉。

再比如，不知大家发现没有，为什么好的观音雕像，看着就能让人觉得心里很静、很平和呢？因为观音的开脸，其实有一定的程式和比例讲究，那是从真实的人脸上提取了最和蔼、最慈悲、最善良的表情，然后集大成而得到的。但不同作者刀笔下的观音，在神韵上又是有差异的，为什么会这样？因为作者在雕刻过程中的心理感受不一样，他们对人生的情感体验也不一样。在我心里，我妈妈的脸就是观音的脸；在你心里，你妈妈的脸就是观音的脸。这其中的情感有共性，亦有差异。所以好的观音作品，神韵近似却不雷同，但一定都是作者倾注了思考和心血的作品。

所以我觉得，从事雕刻创作，不能总是给自己找借口，说美的标准是多元的，把自己处理不好的地方全当"个性"。什么是真正美的东西，观者心里其实有数。整个社会的审美档次在提高，想蒙人的作者，都不会得逞太久。

什么是玉雕创作的正能量？表达真情实感，不跟风、不媚俗，勤于思考，就是最大的正能量。

曾经有个人号称自己是搞收藏的，一张口问我："您觉得现在收藏界什么东西流行？"我觉得这话矛盾。你想所谓流行，就是一阵儿一阵儿的东西，转瞬即逝，很快就被人们忘却和抛弃。流行的东西，几乎不会是经典；

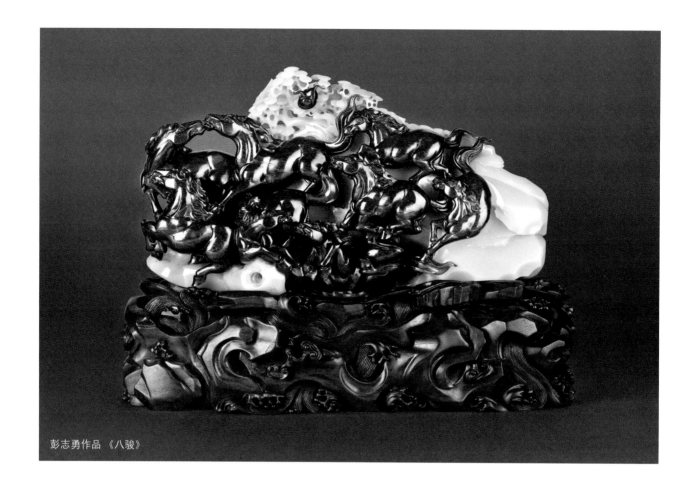

彭志勇作品 《八骏》

不是经典，你收藏什么？它的艺术价值低，经不起赏玩，更没有什么升值的潜力。

但话又说回来，即使社会上有很多这种人心浮躁的现象，也不是我们玉雕创作者放弃艺术原则的理由。恰恰相反，我们反而更有责任尽匹夫之力，来扭转这浮躁之风，哪怕个人的影响有限，势单力薄，但也要坚持。

摒弃浮躁之风可以先从自己的创作环境入手，说具体点，从工作室徒弟们的选择上入手，从建立真挚的师徒关系开始。玉雕是个传统行当，老艺人们在手艺传承的过程中，也建立了一套相应的人际关系模式，那就是富有人情味儿的师徒关系。师傅要真心拿徒弟当家人，徒弟才不会只把师傅看作是"发工资的老板"。只有在真正有温度的人际关系中，才能真正实现诚挚的艺术交流，乃至思想理念的培养和继承。

玉雕创作中的正能量不是凭空而来的，它要求你得修身养性、端正态度、以诚待人。首先把自己的日子过得有滋有味，积极乐观，这样才会产生真正充满正能量的艺术创想，才能真正摹写这个时代带给你的真实的感受，才能为社会主流审美贡献积极的因素，并且让自己的艺术主张留传后世。

坚守玉雕创作的正能量是个艰辛的过程，却也能让创作者本人收获幸福和成就。玉料珍稀，新疆出产的和田玉原料更加珍稀，能从事玉雕创作，是玉雕人与自然造化之间的一种缘分，我们有责任让创作不辜负这份大自然的馈赠，也有责任让玉雕这种源远流长的传统文化更加富有生机，继续发展。最重要的是，我们得给后人树立一种治玉态度端正、敬业爱业的榜样！

创新：玉雕创作的永恒主题

文 / 陆华明

　　玉雕是中华文化艺术宝库中珍贵的非物质文化遗产，它源远流长，博大精深，是我国重要的传统技艺，更是一门艺术。无论玉雕市场行情如何，创新始终是当代玉雕发展永恒的主旋律。我从事玉雕以来，尤其是近年来，从认真观摩研读历代玉器珍品和玉器"百花奖""天工奖""玉星奖""玉龙奖""神工奖""子冈杯""陆子冈杯""九龙杯"等奖项获奖作品中，深受玉雕先辈和当代大师的玉雕创作艺术成就影响与感染，结合自己从事玉雕近 20 年的工作实践，悟出了一个玉雕工作者应该秉承的理念，这就是不断创新。只有创新，玉雕作品才有特色，才能形成自己的风格，才有发展的空间与前景。所以说，创新是玉雕创作的永恒主题。

陆华明 近照

一、创新为历代玉器烙上了历史印记

玉雕是中国最古老的雕刻品种，脱胎于石器制作，而在石器衰落消亡几千年后仍然保持着蒸蒸日上的发展趋势。正是得益于历代都在继承传统的基础上的不断创新和发展，才创造了中国玉雕数千年的辉煌。玉雕技艺发展到今天也是一个玉雕从其他工艺或者其他传统文化中吸取营养的过程。玉雕成为一个独立的艺术种类，也在不断地与其他的艺术碰撞。比如玉雕吸取绘画、书法等技艺，从而让玉雕作品包含文化气质。也正是在这个过程中不断汲取其他工艺或文化的营养，为不同历史时期的玉器烙上了时代印记，使后人能够领悟古代玉器承载

的历史文化与工艺信息，也使中国玉雕与玉文化一代代传承，绵延不断。

我国玉雕的器型、工艺等在不同的历史时期有不同的创新与表现。在新石器时代，红山文化和良渚文化的玉器，从造型上追求对称美，多为静态化构图，纹饰相对简单，以简单抽象化的线条达到传神的效果。到了商、周、春秋、战国时期，青铜器和铁器的出现，使碾玉工艺和磨玉工具得以改进，玉雕的构图从静态化向动态变化，写实作品极富动感。雕刻技法不断创新。浮雕、透雕大量使用，镂空雕、圆雕玉器也首次出现，并出现了细线纹和"俏色"技艺。汉、唐时期，玉雕装饰功能开始显现，透雕工艺得到普遍应用，阴线刻技艺更趋成熟。既有精雕细琢的玉器，也有简练

风格的"汉八刀"。宋、元时代玉雕已达到制作大型玉件的工艺水平，表现复杂的题材内容，开始出现中小型山子雕，各种雕刻技法更加成熟，常利用玉材外皮、色斑、玉璞，巧妙搭配组合，琢制出多层次的色彩变化，器物更富立体感。明代陆子冈发展了"刀刻法"以及"连环套"制作工艺，创造了各种阴阳浮雕于一体的玉雕工艺制品。清代大型山子雕不断问世，象征着清代玉雕艺术的登峰造极。近现代玉雕技艺集历代之大成，一方面继承历代的艺术成就，同时在作品题材、表现手法上也不断创新，使玉雕艺术进一步发展。

由玉雕加工工艺和创意设计巧妙结合而形成的玉雕艺术，历经8000年的发展、传承、积累、创新，使玉雕成为中国特有的技艺，并在

不同的时代有不同的工艺创新，不同时代有着不同的造型与艺术特点，以及鲜明的时代风格和地域特色。

二、玉雕行业发展需要艺术创新

中国经济与文化的发展，为玉雕行业发展开创了广阔的空间与前景。玉器市场规模、收藏群体不断扩大。与此同时，以艺术、品位、财富为特征的新时期玉文化逐步形成，人们对玉雕产品的文化内涵和艺术水准的要求越来越高。以往那种师徒传承的方式，将继承者局限于狭窄的范围内，其作品往往千篇一律、缺乏个性。玉雕产品同质化、表现手法泛传统化，重数量与价格、轻文化与价值的倾向比较突出。这些与空前提升的人们的物质文化需求和玉文化鉴赏能力不相适应。需要从传承、创新、工艺进步等方面进行探索。把握传统玉雕技艺中最有活力的部分，继承传统玉雕的精髓。要求作者将丰富的生活阅历进行艺术升华，提炼出有思想性、有时代责任感的主题。

中国画一代宗师石涛曾说过："笔墨当随时代，犹诗文风气所转"玉雕创作更是如此。中国玉雕历史悠久，不同时期都留下了体现不同时代特征和艺术风格的玉雕珍品。没有传统就没有创新，没有创新就没有发展，历史

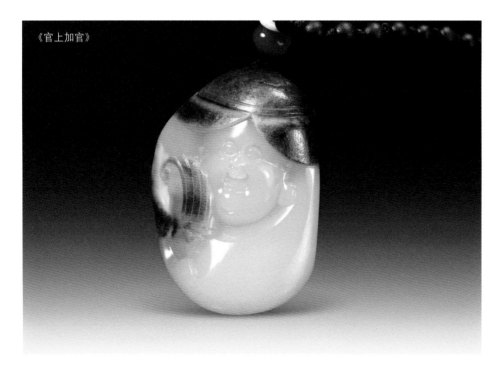

《官上加官》

的责任感要求我们这一代玉雕工作者创作出富有社会时代特征的玉雕作品。当前，和田玉已成为投资资本和民间收藏的主要投资收藏品种，和田玉作为一种不可再生的稀缺资源，应该受到我们玉雕工作者的尊重和善待，用高水平的创意构思提升和田玉的文化和艺术附加值，设计和制作出更为精美的玉雕作品奉献社会和玉器投资收藏者。

三、传承与创新是创作者和业界的共识

中国玉雕是一门一脉相承的艺术，当玉雕的创新的课题摆在我们面前时，首要的责任是传承和在传承中创新。要传承中国传统玉文化所形成与积淀的、具有深厚底蕴的文化精髓，传承天人合一的艺术思想和表现技法。玉雕艺术创作思维和观念应在继承传统中不断创新与发展。玉雕作品的主题与题材不能只拘泥于传统框架的束缚，应当具有鲜明的时代新意和厚重的文化底蕴，作品表现形式与包含的精神文化内涵应当相得益彰。没有艺术创新就没有艺术发展，当代玉雕作为重要的艺术门类，有传承传统的责任，更要有创新的观念与使命，创作出更多富有时代精神的好作品。

创新是玉雕艺术不断发展的动力，和田玉只有经过玉雕创作者精妙的构思设计和鬼斧神工的雕琢，才能创作出富有文化精神与艺术魅力的作品，才有无限的生命力和珍贵的艺术价值。当代中国玉雕大师名家和致力于玉雕创作的玉雕工作者，对玉雕有着深爱和独到的理解，以开拓性、创造性的思维理解玉石，把玉石当作艺术创作的载体。将中国传统玉文化的美好寓意以全新的表现手法诠释出来，赋予传统题材中的人物或动物新的生命，让当代玉雕更具有现代审美情趣和生活气息，更富有时代感和艺术内涵。

玉雕艺术的不断发展，玉雕作品的艺术属性不断增强，市场价值也相应不断提高，越来越多的人开始投资收藏和田玉，正是因为人们看好它的价值与潜力。这种价值与潜力更多的源于玉雕作品的工艺、内涵、艺术水准和大师名家的创作参与等价值因素。以往人们看和田玉作品价值不断攀升，表象的理解是贵在原料稀有，往往忽略了其艺术创造的价值。现在，随着玉文化广泛地传播，这种现状在迅速改变，人们越来越关注富有文化艺术内涵的和田玉作品，以文化艺术价值为核心的玉雕鉴赏价值观越来越占据和田玉投资收藏领域主导地位，对和田玉艺术创新产生了强大的驱动力。

《瑞兽》

《荷塘情趣》

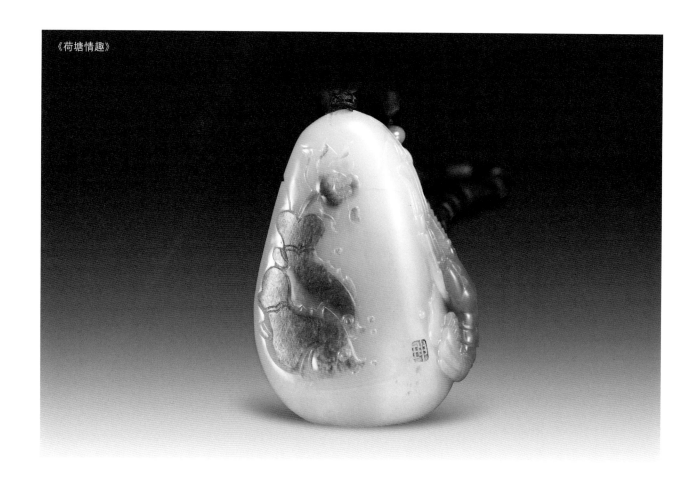

　　时代赋予当代玉雕工作者传承与创新发展玉雕艺术的历史使命，传承传统玉雕精髓，拓展创意创新视野，注入新的创作思维，运用新的设计风格和表现技法去创作实践。不断地实现跨越和突破，创作出具有时代精神与艺术风格的玉雕精品成为当代玉雕工作者的共识。

四、创新催生玉雕创作持续繁荣

　　经过几千年的传承、创新与发展，当代玉雕创作更加繁荣，使中国玉雕艺术绽放出"东方艺术奇葩"的异彩，成就了我国玉文化历史上的又一个辉煌。

　　当代玉雕创作是我国玉雕史上最繁荣的历史时期是不争的现实。究其原因除了我国经济社会与文化全面发展、人们文化艺术和精神消费需求旺盛的大环境以外，也有玉雕艺术的创新、玉石原料来源的多样性、玉雕工艺与工具的先进性、艺术创作资源的多元化等重要因素在起重要作用，其中创新是催生玉雕创作繁荣的重要推手。改革开放的大背景使玉雕创作者的创作能力得到了释放，他们的创意思维更活跃，创作环境更宽容，文化视野更广阔，作品中表现的艺术性越来越强，极大地推动了当代玉雕的发展。

　　玉雕的创新源于需求的驱动和文化的引领。国民整体教育程度的提高，文化素养的提升，艺术鉴赏能力的增强，对玉雕有了更高层次的精神要求和艺术审美需求，对玉雕产品的要求也会越来越高。除了传统玉雕的表现题材与形式外，他们更希望看到具备当代文化语言的玉雕艺术，同时要求玉雕能够运用艺术语言来探索当代玉文化，这对玉雕创作者的玉雕艺术创新产生了强大导向作用。

　　当代玉雕创作的繁荣得益于政府和行业协会的强力推动。玉雕主产区政府大力支持与发展和田玉文化产业，全国性和地方行业协会通过举办研讨、培训、交流等活动提高玉雕从业人员素养和创新能力，尤其是玉器"百花奖""天工奖""百花玉缘杯""玉星奖""玉龙奖""神工奖""子冈杯""陆子冈杯"等玉雕作品评比活动，在推动玉雕艺术创新、培养玉雕新人、引领创作潮流、繁荣玉雕艺术创作等方面，为我国的玉雕行业发展贡献良多。

《吉祥如意》

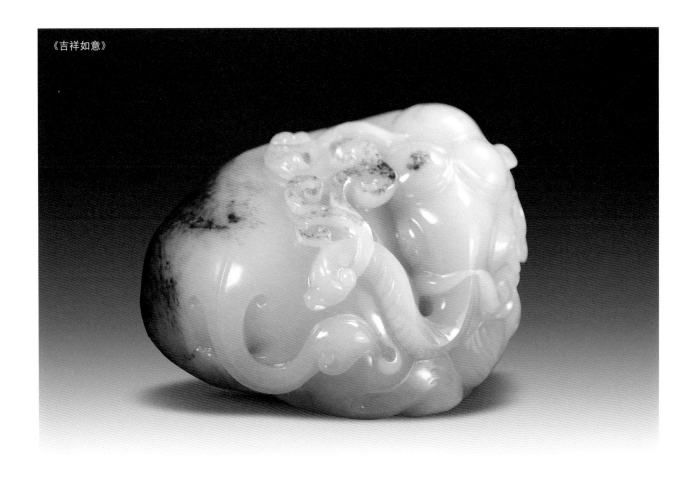

五、创新要成为玉雕创作者的文化自觉

玉雕作品是艺术品,玉雕作品创作是玉雕创作者的艺术创造,不是一般意义上的工艺品生产活动。把玉器制作生产活动作为玉雕艺术创作,已成为多数当代玉雕创作者的文化自觉。

文化自觉对从事玉雕作品创作的当代玉雕创作者来讲,就是对玉文化精神的自我觉悟,对玉雕艺术创作规律的深刻理解,自觉地把文化融入玉雕创作之中。站在玉文化发展的前沿,增强多元文化元素在玉雕艺术创作中的融合与运用能力。在玉雕艺术品创作中,会更深刻地融入玉雕艺术家的学识、情感、修养,融入玉雕艺术家心灵的体验和感悟。

利益的驱动导致了玉石资源的非理性过度开采,优质玉雕原料越来越稀缺。在玉雕作品对原料选择的苛求难以满足的情况下,玉雕艺术家们只有寻求在创意上发挥充分的想象力与艺术智慧,缓解与弥补因优质玉石原料难寻造成的尴尬。以创新的理念拓展创意与构思设计空间,以创新的理念拓展题材与元素运用空间,以创新的理念拓展工艺与技法运用空间,自觉地把创意与创作紧密结合,以全新的创新思维,挖掘创意设计的潜力,施展精工妙技,把丰富的文化内涵与意境赋予玉雕作品,化一个个"腐朽",为一个个"神奇"。

玉雕艺术的发展和创新,需要当代玉雕创作者有主动担当,有强烈的使命感、责任感,在玉雕艺术创新的更高层面上,融入玉雕艺术家文化魅力和人格力量,把玉雕艺术创新发展推向一个更高的境界。

老玉的魅力

文 / 韩涧明

　　经常听到有人说，老玉不如新玉，尤其是材质，根本无法相比。我认为，这样的说法并非出自真正的爱玉人之口，也没有辩驳的必要，但是，它确实也带给我们一个可以探讨的话题，那就是老玉的魅力究竟在哪里。

　　这是一个太大的话题，浩浩历史长河，有无数可以切入的支点。我想，咱就不上纲上线，从文化源头梳理，什么自古以来之类……只是谈近来的一点心得，即使说错，到头来被方家笑话笑话，教育教育也就是了。

　　由于工作的关系，我常常会翻阅各种拍卖资料，尤其是老玉，最突出的感觉就是无论是在纽约、巴黎，还是伦敦，这些所谓"老玉"拍品的状况实在是混乱得可以，这当然是因为古玉鉴定问题没有解决的原因，然而，与此同时，也总有一些老玉扑面而来之后，让人怦然心动。

　　比方说，在 2014 年 6 月 10 刚刚结束的巴黎苏富比拍卖上，一件"清 褐皮青玉鹿乳奉亲摆件"，估价是 6000 到 8000 欧元，结果成交价为 9.15 万欧元，按照当下的汇率，约合人民币 77

清 褐皮青玉鹿乳奉亲摆件

万元。提醒一句，拍卖公司标注的是"青玉"，实际物品的白度应会低于我们看到的照片观赏效果。

所谓"鹿乳奉亲"，是二十四孝中的故事。大致意思是说，周郯子父母得了眼病，需要喝鹿的奶。周郯子就进入深山，披着鹿皮混进鹿群去接鹿奶。这件玉雕摆件表现的正是这个故事。

我想，作为玉器行业的人或者玉器爱好者，看这样的东西，可能会自然而然地谈及俏色，但很明显，这件作品能够吸引人，最重要的部分不在那张鹿皮，而在人物的神态和细节处理上。

如果我们更细致地去端详作品就会发现，这件作品做得是如此一丝不苟，刀法凝练、精到、准确而传神。你可以用工巧去评论它，但它绝对不只是工巧，在工巧背后，还有另外的东西使得作品充满了沉着的气质，那么，这种东西是什么呢？

在同场拍卖中，有三件老玉作品价格在这件作品之上，其中排名靠前的是一件碧玉清乾隆二十九年编磬，这种拍品属于当下流行的宫廷概念，没什么好说的。倒是另一件清 青白玉镂雕山水人物图香薰

这件作品估价1.5万至2万欧元，实际成交价为11.19万欧元，约合人民币94万元。如果与今天的玉雕工艺比起来，这件镂雕香薰的细节堪称粗糙，不过凝神细看，仔细揣摩，还是越看越有味道，相信如果上手的话，这种感觉还会更强烈，那么，这种感觉又是从何而来的呢？

让我们再看同场拍卖的另一件老玉作品——清十九世纪 痕都斯坦式青白玉'水斗'图花蕾耳瓶"。这件老玉瓶在同类作品中价格不算高，估价6000至8000欧元，成交价13750欧元，约合人民币12万元。

此瓶似应有盖，不过这不是重点。重点之处在于，通常言及痕都斯坦，都强调其薄，然后浮雕繁复的缠枝莲纹等，当今的大师做起这种薄胎玉器来已是相当成熟，足以傲视乾隆时代。可是我们看这件老玉瓶，它似乎在告诉我们，痕都斯坦并非一种程式，而是创作手法。无论是花蕾耳饰，还是镂空花茎，都尝试变化的灵动。更有趣是瓶上的浮雕主图——"水斗"（是取材自戏曲《白蛇传》中水漫金山一节吧），只见大仙们骑着螃蟹、大虾等激烈地战斗着，好不生动有趣！

清 痕都斯坦式青白玉'水斗'图花蕾耳瓶

从上面几件玉器，我们的确看到，这些老玉材质不能和今天的顶级材质相提并论。且不说羊脂白玉，就是连白玉的级别都达不到，但是，材质的劣势并没有埋没玉雕的价值。我们发现，这些老玉身上时代所特有的痕迹，使得它们凝固着一个时代的信息与鲜活味道，这种味道是后来所模仿不了的。所谓把玩欣赏，就是玩得这种古意。

清 青白玉镂雕山水人物图香薰

清 痕都斯坦式青白玉"水斗"图花蕾耳瓶

清　青白玉镂雕山水人物图香薰　（局部）

　　如果从玉雕行业的角度来说，这几件作品也体现着中国玉雕的精髓，让我们后人在欣赏它们时可以心意相通。比如说，因材施艺，通过规避材质自身的毛病，最大限度地利用玉料；再有，它们也都有着共同的精益求精的品质追求，即使是所谓看似粗糙的工艺，也是在当时的设备条件下倾尽全力。唯有倾尽全力，才能打造出时代赋予它们特有的沉稳、周正。

　　如果再深入推及，当时工匠的深层心理中还埋藏着最为宝贵的一点，那就是对于玉的敬畏之心，这才是关键所在。在商品社会中，玉正在不知不觉间退化为一种普通意义的创作材质，敬畏之心逐渐淡薄。我们会看到更多更有个性的创作，更多无拘无束地自由挥洒，这当然有利于玉雕艺术的繁荣，但与此同时，这种改变也让我们悄悄告别了一个时代。

　　2013 年 12 月 12 日，巴黎苏富比亚洲艺术专场中，一件"清乾隆青白玉雕山子"（高 29 厘米），最终以 51.75 万欧元价格成交，约合人民币 436 万元。从这件山子看，除挖脏去绺，保型掏洞，就势雕琢出山岩、树木、人物、走兽、亭子外，并没有做更繁复地工艺处理。没有一刀多余的矜持，没有将玉料作为炫技的舞台，这种含蓄与朴素，也是今天我们可以向前辈先贤脱帽致敬的地方。

清　青白玉山子

当代玉雕创作中的原料运用

文 / 仵朋河

和田玉是山川大地孕育的精华，是大自然馈赠给人类的瑰宝。伴随着中国经济社会快速发展和传统文化的回归，玉雕艺术品投资收藏和玉石消费逐渐成为一种社会时尚。在这种市场现象的强烈驱动下，出现了和田玉产业的快速发展与创作生产的繁荣，与此同时也带来了一些负面的影响与问题。这主要表现在产业的上游，和田玉矿产资源的滥挖滥采，对环境和资源造成的极大的破坏；在和田玉产品生产环节一度出现粗制滥造，造成了宝贵玉石原料的极大浪费；和田玉投资收藏领域，不少藏家与和田玉爱好者更多地注重与追求和田玉原料的产状、产地、白度等资源性因素，加剧了优质和田玉原料紧缺局面，如何运用原料成了玉雕创作的重中之重。笔者根据十多年从事玉雕创作的经历，对和田玉创作中的原料运用也有了新的理解与思考。

仵朋河近照

《指日高升》

一、尊重原料——玉雕创作理念的新境界

中国玉雕的历史悠久，在不同的历史时期，玉器的功能与功用呈现出不同的变化与时代特征。在玉雕的工艺运用上，也随着时代发展而发生不同的变化。明清以前主要是"料就工"，而近现代逐步向"工就料"转化。尤其是当代，"工就料"成了一种趋势，既反映出玉石原料市场的变化，也反映出人们审美情趣的变化，更体现玉雕创作者对玉石原料的尊重。

"物以稀为贵"，由于和田玉原料的稀缺性和不可再生性，原料市场上优质玉料越来越少，价格一路攀升，优质的和田玉子料已进入"克时代"（以克论价时代）。多重因素的共同作用，促使当代玉雕大师名家和玉雕工作者在和田玉创作中，更加注重和田玉原料运用问题，使原料运用成为当代玉雕行业关注的焦点，尊重原料成为业界的共识与玉雕创作研究探索的新境界。

人们更加尊重原料，其原因有市场的倒逼作用，更有人们对玉文化理解的深化与回归。在当代艺术品创作领域，其

原料本身就具有美感的，当玉莫属。将玉视为天下至美之材的观念，是构筑中国玉文化的基础。和田玉细腻油滑，温润光亮，折光柔和，色彩丰富，声音美妙。和田玉之美，是天然的美、永恒的美，充满灵性，承载着丰富的文化内涵，非常珍贵，在中国传统文化中有着不可替代崇高地位。古往今来，人们尊崇和田玉。其发端于远古时期人类对自然、对玉石的原始崇拜；进入封建社会，儒、道等诸家对玉石德与灵的文化阐释与传扬使得这种观念得到进一步巩固；现代的玉雕创作者对原料的尊重更是对这种文化的传承与发展。

人们对原料的尊重，还体现在玉雕创作者的环境与资源保护的现代理念上。和田玉资源珍贵而稀有，需要有规划地集约开发与利用，最大限度地发挥其长远的珍贵资源与文化艺术价值。

人们对原料的尊重，还是玉雕艺术创作的一种升华。在创作实践中，笔者更深刻地领悟了尊重原料本质和特色的重要性。玉雕创作要达到一种境界，就要从文化与艺术的高度创意构思，这是主导玉雕创作的灵魂所在。

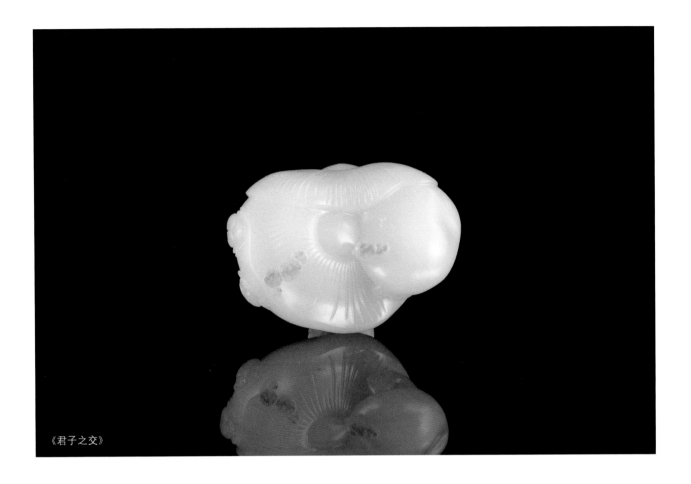

《君子之交》

二、料尽其用——和田玉价值的最佳体现

"玉无废料",对玉石原料的尊重,最直接的体现就是"料尽其用",充分体现和田玉原料的价值。在和田玉创作实践中,料尽其用通常主要体现在创意构思和工艺实现中的优料精用、次料利用、小料大用、俏色巧用等基本的原则,笔者个人理解还应该有"整料整用"的概念。

美玉不雕,美玉惜雕,优料精用。上好的和田玉原料,要精心构思创意,精心设计与雕琢。"美玉不雕","美玉惜雕",一件形色俱佳、品质上乘的和田玉子料,本身就是一件极具欣赏价值和收藏价值的天然艺术品,可以稍加雕饰或不用任何雕饰,就是一件艺术作品。若需要雕琢,在对优质的玉料进行雕刻前,玉雕创作者则需要进行缜密的创意与严谨的构思,启动创造性的灵感,独具匠心地设计,实施审慎的雕琢,以免造成终生的遗憾。当代玉雕器皿大家高毅进大师经常说,玉雕器皿的美感不在于器型的大小,而在于造型,即便器皿会越变越小,创作的空间依然很大。好料要倍加珍惜,

能少雕一刀,就绝不多雕一下,让浪费玉石资源的事情尽量少发生。

整料慎切,整料惜切,整料整用。和田玉原料无论是山料、子料、山流水等何种产状,在下刀之前,一定要慎之又慎,若考虑不周一刀切下去,留下的可能只有遗憾。所以对于优质原料,能不切的就不切,能少切的就少切,以免对原料的完整性造成破坏。要根据原料的形状、色彩、质地、块度等因素,优选创作题材与工艺,力求做到既成就了所创作玉雕作品的艺术性,又保持和田玉原料的完整性,在实现审美价值与财富价值的同时,又可以最大限度地保留原料,也为后人进行再度创作留下余地与空间。

三、巧妙运用——拓展玉雕创作的大空间

玉雕创作的基本功是识料,也就是原料的运用,原料的巧妙运用也是玉雕创作者原料把握能力与艺术表现功力的主要体现。一件玉雕艺术品,它的美,或在于题材,或在于形态,

《佛光普照》

或在于色彩，或在于意境，或兼而有之，但这些都承载于和田玉原料这个载体之上。玉雕创作不能过分强调工艺，要通过工艺注重表现和田玉本身的魅力，这就是注重原料运用的巧与妙。这种巧与妙表现在对和田玉原料的形状、块度、玉质、色彩的巧妙运用之中。

"形"之妙用。和田玉原料是大自然的造化，大多呈不规则的几何形态，其形状千差万别，千姿百态。根据材料形状研究适合的题材，确立雕刻的作品类别。一般说来，形状较规则的原料适于创作器皿、摆件等玉雕作品，较小的扁平或片状材料

则不宜进行立体雕刻，可采用高浮雕、浅浮雕、薄意雕刻等手法创作挂件、把玩类作品。

"量"之妙用。"量"就是和田玉原料的块度与重量。通常块度较大的原料，适合于各种雕刻，其构图灵活性大，可制作大中型山子、器皿、摆件等观赏类作品；较小的原料适合雕琢小型山子、器皿、摆件和把件、挂件等小型作品。

"质"之妙用。玉质的妙用是玉雕创作表现的中心和本质，就是通过玉雕设计师与工艺师的创作，把玉质的美表现出来。在表现上主要有"剜脏去绺""化瑕为

瑜""次料巧用""隐瑕示瑜"等工艺手段。巧妙利用玉石原料的玉质与结构特征，用创作者主观的人文构思和创意，在玉石原料上还原与创造和田玉本质的美。

"色"之妙用。俏色工艺自古有之，是我国玉雕工艺的一大特点，一直为玉雕界普遍应用。和田玉原料丰富的颜色，为玉雕创作中巧用俏色提供了良好的物质基础，亦使玉雕作品精美、形象、灵动、逼真，给人栩栩如生、活灵活现的感觉，使人们在体悟作品的文化内涵的同时，感受其视觉美感与艺术魅力。

克拉之外

文 / 申玉伟

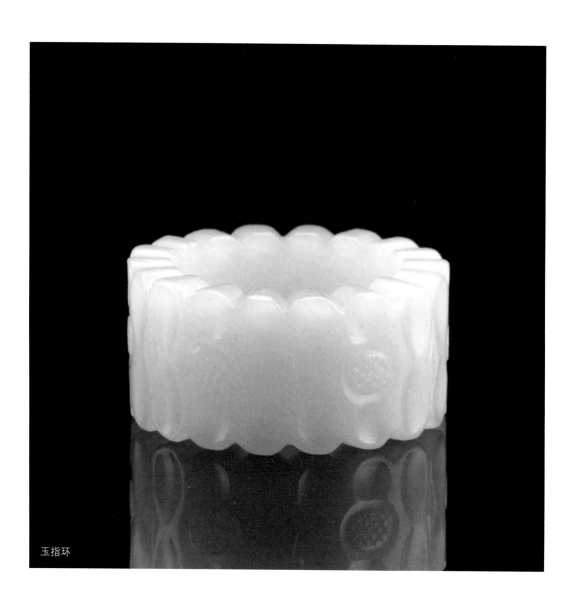

玉指环

像平时一样的工作忙碌，在吃晚饭的时候，才突然发现戴在左手的玉指环不见了，竟一点也想不起在哪遗落，自己马马虎虎，倒也经常丢东西，可这次丢了戴了10多年的玉指环，感觉像丢了魂一样；心疼的并不是它的经济价值，而是一直以来戴在手上，已经是我身体的一部分了，见证着我走过岁月里的喜怒哀乐。

结婚之后老公也给我买了许多首饰，但常戴在手上的只有结婚戒指和那个玉指环。

我很喜欢玉，是因为名字里就带着玉，和我的哥哥姐姐一样，每个人都带着属于自己的那块玉。

玉是温柔的，《说文解字》解释玉，也说："玉，石之美者。"

但佩玉的人总相信玉是活的，他们说："玉要戴，戴戴就活起来了哩！"我不知道自己能不能把一块玉戴活，那是需要时间才能证明的事，但十年的肌肤相亲，使玉重新有了血脉和呼吸。

但如果奇迹是可祈求的，我愿意首先活过来的是玉，玉的清洁质地，玉的致密坚实，玉的莹秀温润，玉的斐然纹理，玉的清声远扬。如果玉可以因人的佩戴而复活，也让人因佩戴玉而复活吧！让每一时每一刻的我莹彩暖暖，如冬日清晨的半窗阳光。

钻石是有价的，一克拉一克拉地算，像超市的肉，一块块皆有其中规中矩秤出来的标价。

玉是无价的，根本就没有可以计值的单位。钻石像谋职，把学历经历乃至成绩单上的分数一一开列出来，以便叙位核薪。

玉则像爱情，一个女子能赢得多少爱情完全视对方为她着迷的程度，其间并没有太多法则可循。

以撒辛格（诺贝尔奖得主）说："文学像女人，别人为什么喜欢她以及为什么不喜欢她的原因，她自己也不知道。"玉也一样。

其实，玉当然也有其客观标准，它的硬度，它的晶莹、柔润、缜密、纯净和刻工都可以讨论，只是论玉论到最后关头，竟只剩"喜欢"两字，而喜欢是无价的，买的不是克拉的计价而是自己珍重的心情。

丢了，我的玉，不知道她可怜地躺在哪个角落里，她是不是也在期待着自己喜爱的人。

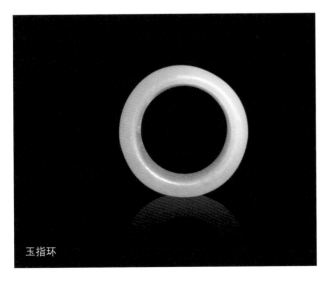

玉指环

玉指环

TASHANZHIMEI

他山之美

砗磲与海南砗磲产业

文 / 唐风　李芳丽

砗磲是来自海洋的珍贵的"有机宝玉"。以砗磲为载体的艺术雕刻、开发利用与保护，在海南已形成独有的砗磲文化产业。

砗磲与砗磲文化

砗磲存在于海洋，是深海里最大的贝壳类动物，其寿命可达上千年。砗磲是其活体消亡之后贝壳形成的化石，质地坚硬，历史上，人们就视砗磲为宝物。

古书记载：汉之前，古人因其外壳巨大的蚌槽似车轮碾过的沟渠形状，故称为车渠。汉代以后，才将车渠改称为砗磲。而三国时期曹丕的《车渠赋序》、宋代的《证类本草》、明代李时珍的《本

砗磲《乐佛》

草纲目》等，仍然还保留着"车渠"的称谓。改称为砗磲的原因，一说是因其壳质坚硬如石的缘故，还有一说是人们视砗磲为宝石的一种，故偏旁加石。

东汉时代伏胜所著《尚书大传》中记载：周文王被商纣王囚于　里，散宜生（文王四友之一）用砗磲敬献纣王，"纣见而悦之，乃免其身"。由此可见，周文王得以生还，是纣王得到了宝物砗磲的缘故。

至清代，六品官员佩戴的朝珠和官帽的顶子，就是砗磲珠。《清史稿·本纪·卷九·世宗胤　·雍正八年》明确规定了官员佩戴顶珠的标准"一品官珊瑚顶，二品官起花珊瑚顶……六品官砗磲顶……"可见砗磲是清皇家贵胄之专属。

古时就珍贵稀有的砗磲，还是佛教所尊崇的七宝之一。在佛家眼里，砗磲具有消灾解厄、

除恶聚灵、降临福祉的神奇效力和智慧。可以想象，远古至今，历经万劫磨炼留存下来的原始生命物种，最后成为如此庞然大物的砗磲，是否因其具有的坚忍守定的生存智慧？是否暗合了佛家的虚和空？自古砗磲与佛家结缘，其中一定有着千丝万缕的因缘。有此一说，佛家高僧持砗磲念珠诵佛，功　亦能数倍　长，佛教认为砗磲是有灵性之宝物。

砗磲圣洁洁白，是自然界里最白的物质之一。《本草纲目》记载，砗磲有镇心安神、凉血降压的功效，长期佩戴对人体有益，可增强人体免疫力。

砗磲是海洋深处的稀有贝类的化石，是可以与陆地上的和田白玉相媲美的"有机宝玉"，它既是有灵性之物，也是上好的雕刻材料。砗磲本身质白如玉，糯润细腻，承载的历史与文化内涵极为丰厚。

由于历史的尊崇和佛家的背景，人们不仅视砗磲为珍宝，还以能够拥有砗磲为尊贵。近两三年来，海南的砗磲越来越引起人们的关注，砗磲以及其雕刻艺术品的价格在不断地攀升，砗磲也逐渐成为收藏的热点。

砗磲的雕刻与开发

砗磲蕴含着深厚的历史与佛教文化内涵，也是很好的宝石雕刻材料。据了解，海南砗磲行业兴起的时间并不长，2010年前后才开始有了砗磲雕刻，由于从业者的技艺所限，水平良莠不齐。商家和小作坊各自为政，生产和定位都以旅游产品盈利为目的，急功近利导致雕刻成品简单粗糙，缺乏艺术和创意。在海口和潭门，笔者鲜见创意与雕刻俱佳的砗磲雕件，这与珍贵的宝石砗磲的优秀品质极不相称。

美石为玉，雕琢成器。砗磲是海洋之化石，是贝中和田，海玉之首，是来之不易的雕刻珍材。中华民族有着八千年的悠久玉文化历史，玉雕的艺术对砗磲来说有着极强的可借鉴性。在作品创作上，要尊重原材料，因材施艺，既保留其自然的原生态之美，也体现其内在的本质之美。笔者认为，作为宝石材料，砗磲具有以下优秀的特质：

一是有玉性。砗磲化石久藏于深海，经受相当长时间的地质压力，砗磲壳质由于岁月沉淀而生成玉化现象。这种现象独特而神奇，砗磲玉化所呈现的油透和亮透状，十分难得。

二是温润感。砗磲长年置身海底受海水滋润，壳质晶莹剔透，特别是经抛光之后更是水头十足，结构细腻。观之温润感人，抚之爱不释手，实为难得的宝石美玉。

三是少绺裂。砗磲化石物理性质稳定，玉化程度高，摩氏硬度达到4.0～4.5度，并且极少绺裂，雕刻手感好，完全可以与玉石媲美。

四是多色彩。普通的砗磲以白色为主，少含黄色。目前发现我国黄岩岛砗磲有紫色、粉红、红色等多彩色现象，虽数量十分稀少，但尤为难得珍贵。

玉雕艺术讲求三美：材质美、工艺美、寓意美。砗磲具备了玉石的美丽、耐久、稀少的三个要素，可以根据自身的特质精选材料，创作有代表性的砗磲雕刻作品。若能够体现天然色彩的俏色利用，更是锦上添花。

发掘砗磲的内在品质及文化内涵，不仅依赖于雕刻工艺水平的提升，还需要更好的文化艺术元素注入，这需要更多的雕刻艺术家和大师的参与，这样才能达到应有的艺术高度，才能使砗磲真正登上宝玉石雕刻的艺术殿堂。

有一说法认为：砗磲是"海底之玉"，即"海玉"，笔者认为这种说法有一定的道理。"海玉"观点的提出，主要是针对绝大多数的宝玉石产于陆地而言，这是一个

砗磲《南山寿星》

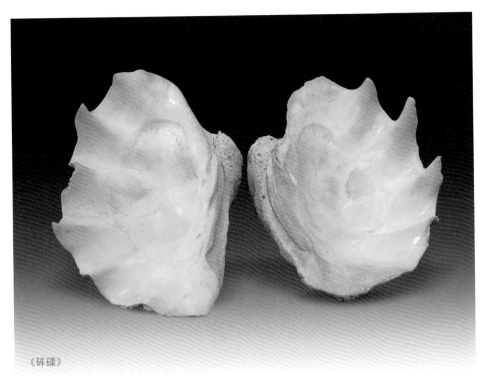

《砗磲》

泛概念。像砗磲、珊瑚等可以雕刻的宝玉石材料均来自海洋，海洋的资源极为丰富，包括很多的化石、矿石都可资雕刻。把以砗磲、珊瑚为代表的这些宝玉石称为"海玉"，是一个很好的资源性的概念。另一好处，就是明确只有化石类的才是"海玉"，可以雕刻用，绝不涉及保护性的资源。

砗磲归属于玉石珠宝，就要真正晋升珠宝行列才是名至实归。我们有责任让砗磲体现当代艺术雕刻的风采，体现国学文化艺术美，让砗磲独具时代生命魅力，成为精品流传下去。

砗磲产业发展前景

海南有了砗磲，就有了宝玉石雕刻的材料资源，结束了没有宝玉石资源的历史。海南在开辟一个新的砗磲艺术雕刻门类与行业的同时，也给当代中国的玉石雕艺术百花苑增添了一朵圣洁典雅的奇葩。

当下，如何多元、综合地认识砗磲资源的优良品质，发掘艺术再造潜力，让稀有的南海之宝焕发出时代的特色，融汇到玉石雕艺术之林并将其传承和发扬下去，是我们面临的当务之急。

潭门的渔民是真正的海洋渔民，闯海有记载的历史，始自 500 年前的明朝。2013 年 4 月 8 日，习近平主席专程视察潭门镇，肯定了潭门人在维护南海主权和国家尊严，在创新实践和推动经济社会发展方面的责任担当，鼓励广大渔民"造大船、闯大海、捕大鱼"。潭门与享誉中外的博鳌镇隔河相望，是名符其实的祖国南海的门户，也是当下砗磲资源的集聚地。

盛世收藏是大家共识。国内外翡翠、玉石、碧玺等珠宝的收藏 场热度仍然不减，说明了文化产业有魅力。海南是海洋大省、旅游大省，如今拥有宝贵的砗磲资源，当备加珍惜其价值。在向世人展示砗磲魅力的同时，也需要更多的精力和智慧，探索、挖掘其丰富的文化内涵。借助当今精湛的玉雕技艺，打造更能够体现海洋文化、佛教文化、地域文化、大众文化诸多内涵的海南砗磲特色产业，使之不能只停留在海南之宝上，还要争取成为天下之宝。海南发展砗磲文化产业，有自身得天独厚的条件：

第一，资源优势。砗磲是海南独有的资源，提升砗磲雕刻技艺，形成独树一帜的特色产业，在国家的玉石雕行业中能够占有独到的一席之地是当务之急。

第二，政府推动。在政府的支持与推动下，海南省去年成立了砗磲协会。协会的成立对加强行业服务、自律、代表、协调的功能，对科研开发、鉴定评估、教育培训、专业评审、标准制定、中介咨询、会展招商等业务的开展起到了规范作用，同时也对合理开发、利用砗磲矿化物有了专业的保障。

第三，人才支撑。砗磲协会依托高校凸显其优势。海口经济学院专门成立了砗磲研究所，利用该校的资源对砗磲专业、行业与产业的发展提供学术、研究的动力与支撑，这在全国的专业协会中是很少有的。

第四，市场潜力。海南作为旅游大省的地位，有利于文化的弘扬与传播。每年几千万人次到海南的旅游资源，无疑会产生巨大的市场效应，也是弘扬砗磲文化的极好机会。

地处祖国最南端的海南省，陆地面积最小而海洋面积最大，具有极为重要的战略发展意义。砗磲成为海南特有的资源，为旅游大省的海南锦上添花。砗磲雕刻艺术品也将会发展为海南最具特色的文化旅游品。

彩虹宝石碧玺

文 / 岳剑民

　　在有色宝石中，碧玺属于中档宝石，它是化学成分复杂而多变的硅酸盐，多产于花岗伟晶岩及气成热液矿床中，矿物学名称为电气石。碧玺族的矿物有 11 种，其晶体结构基本相同，一般呈现复三方柱状。常见的有镁电气石、黑电气石和锂电气石，黑电气石与锂电气石形成两个完全类质同象系列，镁电气石与锂电气石形成两个不完全类质同象系列。

　　有色的碧玺晶体带有很强的二色性，常呈现美轮美奂的色带犹如天空上的彩虹，被人们称为彩虹宝石。如果玉石色彩最丰富的是新疆彩玉的话，那么宝石中色彩最丰富的则是碧玺。

碧玺原石

一、碧玺的颜色及品种

碧玺的颜色多种多样，富含有变化，有无色、红色、绿色、蓝色、黄色、紫色、黑色、棕色、褐色等，还存在许多中间和过渡色，如紫红色、双桃红色、单桃红色、粉红色、浅粉色等。

富含铁的碧玺呈现黑色，富含锂、锰的碧玺呈现玫瑰色和淡蓝色。富含镁的碧玺呈现褐色和黄色，富含铬的碧玺呈现绿色。

（一）颜色各异的碧玺

无色碧玺：属于锂碧玺的一种，一种无色透明如水的碧玺。有的略带蓝色，具有猫眼效应的极为稀少。

红色碧玺：属于锂碧玺的一种，颜色具有深红色、紫红色、双桃红色、单桃红色、粉红色、浅粉色等。其中双桃红色可与红宝石媲美。

绿色碧玺：属于锂碧玺的一种，颜色具有暗绿色、橄榄绿色、黄绿色等。大多数碧玺都是绿色，其中祖母绿色的碧玺最好。

蓝色碧玺：属于锂碧玺的一种，颜色从浅蓝—深蓝系列，是碧玺的稀有品种，具有深蓝墨水一样的蓝色为上品。

黄色碧玺：属于镁碧玺的一种，颜色具有纯黄色、橙色、从浅到深的棕黄色、棕黄色等。

黑色碧玺：属于钙锂碧玺的一种，颜色多为黑色。

杂色碧玺及"西瓜"碧玺：一个晶体上面存在二种、三种，甚至四种及以上颜色。一般作为矿物标本价值更高。

碧玺猫眼石：碧玺猫眼石仅仅在绿碧玺和无色碧玺中存在。在半透明的绿碧玺中，如果存在针状包裹体，刻磨成为素面宝石琢型，有可能出现碧玺猫眼。

变色碧玺：这种碧玺在阳光下面会变成黄绿色、棕绿色，但是在人工光源下面则变成橙色，是一种极为稀少的碧玺品种。

帕拉依巴碧玺：一种含铜元素的碧玺新品种，颜色呈现出极其清澈的蓝色，因 1989 年发现于巴西帕拉依巴而得名。

（二）碧玺原石与易混淆矿物的辨别

锂辉石由于与碧玺、海蓝宝石共生，往往是最容易混淆的矿物。通过以下几个方面可以辨别。碧玺原石一般呈长柱状，表面有明显的纵纹，晶体横切面成弧面三角形。

蓝色碧玺与海蓝宝石、锂辉石的辨别：碧玺原石表面一般有明显的纵纹，晶体横切面成弧面三角形；海蓝宝石一般呈六棱柱状，表面无纵纹；锂辉石一般呈长柱状，表面也有明显的纵纹，但是晶形往往不全，晶体横切面不是弧面三角形。

红色碧玺与芙蓉石的辨别：红色碧玺的色彩要比芙蓉石艳丽，原石一般呈长柱状，而芙蓉石一般是块状。

黄色碧玺与黄色水晶的辨别：黄色碧玺柱状体表面有明显的纵纹，而黄色水晶的柱状体表面有明显的横纹。

二、碧玺的物理化学性质

碧玺是一种硼的硅酸盐，化学成分复杂而多变，从而形成丰富含多彩、变幻莫测、美轮美奂的色彩。虽然多变，但所有成员的晶体结构特性基本相同，详见下表：

碧玺的主要物理化学性质

类型	硅酸盐（环状硅酸盐）	比重	3.0~3.2 其中：红色和粉红色 3.01~3.1. 绿色 3.04~3.11. 蓝色 3.05~3.1. 黑色 3.11~3.20.
晶系	六方晶系、三方晶系	折射率	1.61~1.64. 其中黑色为 1.627~1.657
化学成分	（Na、Ca）(Mg、Fe、Li)$_3$(Al$_6$Si$_6$O$_2$)(OH)$_4$	韧性	绿色碧玺经过热处理以后比原来脆
颜色	红色、绿色、蓝色、黄色、褐色、黑色等	光学性质	一轴晶、负光性
形态	柱状	多色性	强
硬度	7~7.5	透明度	半透明~透明。黑色为不透明
解理	不明显	光泽	玻璃光泽

碧玺原石一般呈长柱状，表面有明显的纵纹，晶体横切面成弧面三角形。

三、碧玺的改善方法及鉴别

天然宝石的改善方法大致有三种：热处理方法、辐射法和附生法。而用于碧玺的方法是热处理方法和辐射法。

（一）热处理方法改善目的及效果

热处理方法就是将宝石放入特殊装置中进行加热处理，以求达到改善或改变宝石原有颜色，增加透明度等目的。

深蓝色的碧玺经过热处理以后，颜色变浅，透明度提高。

极深绿色的碧玺经过热处理以后，提高了透明度，提升了宝石的档次。

褐色的碧玺经过热处理以后，去除一部分褐色，变成为绿色，使达不到宝石级别的宝石原石达到宝石级别的要求。

黄色的碧玺经过热处理以后，降低色调的颜色，变为达到宝石级别的颜色要求。

黄黑色的碧玺经过热处理以后，颜色变浅，更加漂亮。

深紫色的碧玺经过热处理后使其颜色变浅，增加宝石的透明度。

（二）辐射法改善目的及效果

辐射法就是把宝石放在辐照设备中，如放在放射性同位素钴—60 装置中、快中子反应堆中，

双桃红碧玺

以求达到改善或改变宝石原有颜色，增加透明度等目的。其中，放射性同位素钴—60装置，因其污染少、无放射性残留等特点，已经广泛应用到许多领域。

辐射法可以使浅绿色碧玺改变成为红色碧玺。

辐射法可以使浅粉红色的碧玺改变成为深红色碧玺。

辐射法可以使西瓜碧玺中间的无色部分改变成为红色，使其看起来成为真正的西瓜碧玺。

辐射法可以使无色的红色碧玺，重新变成为红色碧玺（热处理）。

辐射法可以使无色含锰碧玺改变成为粉红色碧玺。

辐射法可以使浅蓝色碧玺改变成为紫罗兰色碧玺。

辐射法可以使浅紫色碧玺改变成为紫色碧玺。

（三）经过改色处理的碧玺的鉴别

对于经过改色处理的碧玺的鉴别，通常采用排除法。首先，看其颜色是否鲜艳，一般而言经过处理的碧玺透明度差一点；其次，看颜色的正与邪，经过处理的碧玺颜色都有一点"不正"，有一点"邪"，就是说，它的颜色与正常的颜色有微小差别；第三，经过处理的碧玺，其包裹体四周在高倍宝石显微镜下面可以看见不规则的裂纹。买碧玺最好是购头带有珠宝鉴定书的，毕竟珠宝鉴定是一门复杂而严谨的科学。社会上对珠宝鉴定书

的管理有一套严密的方法与手段。

四、碧玺的加工款式及特点

宝石加工学研究的内容主要有两个方面：一是宝石材料的性质和加工的物理技术性能；二是宝石加工的基本原理、基本方法和工艺流程。

碧玺作为一种中档宝石，基于它的特性，大多数刻磨成为祖母绿型，即其冠主面角、亭主面角、上腰面、下腰面、底面都严格按照一定的角度进行刻磨。常见的有大致34个琢型祖母绿型（长方形、正方形）及其变，如剪刀形、垫剪刀形、垫子形、老式、六角式、菱形式、双皇冠型、阶梯型、长方形板型、三角式、正方形式、五角式、长六角式、长八角式、梯式、扇式、变四角式等。

碧玺常加工成为标准圆钻型及其变形的款式，仅仅有4个琢型，一般情况下变形为椭圆形。一般碧玺猫眼石琢型为素面。

十分有意思的是，碧玺的理论C轴与晶柱一致，所以红色碧玺的设计往往以表现碧玺火彩为核心的理念。而绿色和蓝色的碧玺以保存宝石重量为核心的设计理念。所以我们在日常生活中看到的琢型，经常是红色系列的碧玺都加工成为标准圆钻型、标准圆钻型变形的款式，而绿色和蓝色的，包括黄色、

绿碧玺

褐色的都加工成为祖母绿型及其变形的款式。

　　还有一点值得一提，新疆是我国碧玺的主产地之一，在阿勒泰宝石成矿带上所产的黑色碧玺，基本上不可用；而产于西昆仑山的黑色碧玺是极好的老板戒[祖母绿型（长方形、正方形）]的材料。

五、碧玺的市场趋势

　　珠宝市场大致分为宝石市场和玉石市场，如果宝石市场再进一步细分，可以分为钻石市场和有色宝石市场、有机宝石市场、人工宝石市场。

　　把钻石单独列为一个独立的体系原因十分简单：钻石从矿物成因、开采、加工、销售、鉴定都形成了自己的一套完整体系，表现的市场行为与其他宝石有很大的区别。

　　在有色宝石市场中，一方面质地好的有色宝石产量十分稀少；另一方面，有色宝石的产量极不稳定，钻石的琢型比较单一，基本上是标准圆钻型及其变形的款式（一般大颗粒的57个刻面、小颗粒的27个刻面）。而有色宝石的产地、质地、颜色、色彩、款式变化无常，给宝石的价值评估带来一定的难度，其价值评估考量的因素远大于钻石。

　　碧玺由于美轮美奂的艳丽色彩一直受到人们的喜爱，近年

来，其国际市场上的价格一直涨幅比较大，到2013年，大颗粒的红色碧玺的价格已经达到9000～12000元人民币每克拉，帕拉依巴碧玺在2011年已经达到每克拉一万美元以上。2013年世界最大的一颗191.81克拉的帕拉依巴碧玺估计价值超过一亿美元。

　　新疆作为我国碧玺的主要产地，品种非常丰富。其中阿勒泰地区、西昆仑山、鄯善均产碧玺。但是鄯善所产碧玺达不到宝石级，而西昆仑山所产碧玺因环境恶劣，产出极不稳定。西昆仑山所产的碧玺质量除黑色碧玺外都低于阿勒泰地区的。

　　1990年，新疆的红色碧玺的价格，1克拉重量的碧玺仅仅75元，现在虽然价格也有比较大的涨幅，但是与国内市场和国际市场的价格相比较，仍然是价值"洼地"。

　　碧玺作为一种中档宝石，因其给人的美丽感官，是佩戴和投资收藏"两相宜"的宝石品种之一。投资者在投资过程中，无论各种颜色的、多色的、稀有的碧玺，首先考量的因素是颜色的"正""纯"；其次是琢型，琢型表现的是珠宝设计师的设计理念；最后考量的是加工工艺水平，反映在各个小面的刻磨、抛光工艺上。投资者在投资过程中千万不要购买经过"优化"处理的碧玺，经过"优化"处理的碧玺在"宝玉石鉴定证书"上都有注明。

　　碧玺作为一个有色宝石的品种，与高档红蓝宝石、金绿宝

双色碧玺

新疆宝石市场碧玺价格表

单位：元

品种	1~2 克拉	2~5 克拉	5~10 克拉	10~15 克拉	15 克拉以上	影响价格因素
双桃红碧玺	500-800	800~2000	1800~3500	2500~6000	议价	色差琢型
单桃红碧玺	300-600	600~1500	1500~2500	2000~4500	议价	色差琢型
绿色碧玺	200~800	300~1800	100~3000	2000~5500	议价	色差琢型
蓝色碧玺	200~1000	300~2500	2000~4000	2500~5500	议价	色差琢型
双色碧玺	200~1500	300~3000	1500~4000	2000~6000	议价	色差琢型
西瓜碧玺	20~800	800~2200	800~5000	2000~6000	议价	色差琢型
稀有碧玺	议价	议价	议价	议价	议价	色差琢型

石、祖母绿宝石相比，更加容易变现。相信，随着人们生活水平的提高，除帕拉依巴碧玺外，其他品种碧玺的价值将进一步体现，碧玺的价值将进一步回归。

玛瑙：女神的礼物

文 / 于杰

于杰 近照

传说爱和美的女神阿佛洛狄特，躺在树荫下熟睡时，她的儿子爱神厄洛斯，偷偷地把她闪闪发光的指甲剪下来，并欢天喜地地拿着指甲飞上了天空。飞到空中的厄洛斯，一不小心把指甲弄掉了，而掉落到地上的指甲变成了石头，就是玛瑙。

玛瑙自古被视为美丽、幸福、吉祥、富贵的象征，因其兼具瑰丽、坚硬、稀有三大特征，从而荣膺"玉石"桂冠。地处辽西的阜新是中国主要的玛瑙产地、加工地，玛瑙制品集散地，玛瑙资源储量丰富，占全国储量的50%以上，且质地优良。

阜新盛产玛瑙，不仅色泽丰富，纹理瑰丽，品种齐全，而且还产珍贵的水胆玛瑙。阜新县老河土乡甄家窝卜村的红玛瑙和梅力板村前山的绿玛瑙极为珍贵。阜新玛瑙加工业尤

为发达，其作品连续几年获得全国宝玉石器界"天工奖"。

玛瑙属二氧化硅的胶体溶液，在火山岩裂隙或空洞中一层层一圈圈沉淀而成。由于每一层所含微量元素不同，所以呈现不同的颜色，有"千种玛瑙万种玉"之说，其花纹形态千差万别，品种繁多，绚丽多姿，溢彩流光，硬度为摩氏7度，可与翡翠硬度媲美。

目前玛瑙雕刻的艺术特色主要分为巧、俏、绝、雅四大特点。

一、巧

为人之灵气，创意大胆，构思奇巧，雕刻技艺精巧，巧夺天工。所谓"巧做"，又称"巧雕"，是我国传统雕刻

中常用的手法。它是巧妙利用原材料本身天然形成的色彩、形状、纹理等先天因素而进行设计、加工，达到提升境界，化腐朽为神奇的效果。有件红白玛瑙巧做《双鱼龙花插》，正是利用了玛瑙本身天然形成的红白两大色块，透雕而成一红、一白两条相拥而跃的鲤鱼。鱼身不仅有鳍，还有双翅，尾部开叉形成"足"，是"鱼龙"，又称"飞龙"，或"鱼龙变幻"。我国民间有"鲤鱼跳龙门，天火自后烧其尾，则化为龙"的传说。雕刻工匠正是抓住了两条鲤鱼腾空而起，将要跃过龙门的那一刹那的情景——在鱼鳍、鱼尾之间，有云气翻腾。鱼的头已经化为了龙的头，而后面的身、鳍、尾却还是鱼的样子，仅此一例就将时间与空间凝固在这里。然而手法之巧还不仅限于此，古代的雕刻家利用玛瑙的天然颜色。在红鱼的嘴边，雕出翻卷的浪花，白色浪花中浮起一枚红色的小火珠；在白鱼的嘴边雕出一朵红色的小花。意匠用心，由此可见。这件玛瑙花插为什么要采用巧做的手法呢？原因是，能找到这么大的一块带有红、白两种颜色的玛瑙，是十分珍贵而难得的，如果将其雕成两件单色的器物那一定要去掉很多废料，造成材料上的浪费，也降低了玛瑙的珍稀程度。我国古代的能工巧匠历来是"惜料如金"，尽最大可能

《女娲补天》

地利用原材料，去瑕疵，显精华，达到"虽为人作，宛若天成"的效果，这也更符合乾隆皇帝的审美要求。经过一番妙手加工之后，终于诞生出这件动人心魄的红白玛瑙巧做《双鱼龙花插》。

二、俏

为天之造化，充分利用玛瑙天然俏色，纹理及质感，所表现的人间万物栩栩如生，呼之欲出，逸趣天然。俏色巧雕是玛瑙雕刻工艺中一门独特的技法，就是利用玛瑙表皮的色斑，略施刀斧，自然成像。这种"不雕而雕"的工艺，特别能显现出一种造化的天趣。在业界流行着这样一句话："玛瑙没有俏，纯属瞎胡闹。"

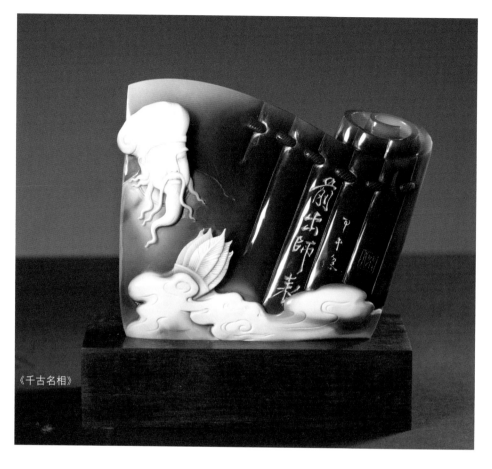

《千古名相》

由古代玉雕艺人根据商、周、春秋、战国时期的青铜器及有关器皿的造型而演变来的。它有相对固定的造型式样和花纹，清代是中国玉文化发展的鼎盛时期，期间产生出大量的优秀"素活"珍品。玛瑙"素活"反映的是中国传统的造型艺术，器型如商周的鼎，原是由青铜铸成的。再如花薰，古代青铜器是用于薰香或烧炭取暖用的，用玛瑙雕成的花薰把它艺术化了，主要作为艺术观赏用。俏色的运用使之增加了新的色彩变化。"开链"技艺反映出玉雕艺术巧夺天工的神韵。玛瑙"素活"典型的工艺技术有"打钻掏膛"、"取链活环"，"肩耳制作"、"透雕活球"和"装饰雕刻"等，制作出一件件绝品。

根据事先的要求精选原料，在实际挑选过程中，达到标准的很少，能够遇到可心的原料并非易事。因而不少玛瑙原料则需要加工者精心构思，巧妙运用创作手法，去除瑕疵，遮盖弊点有效利用天然俏色使作品更加完美。俗话说，千种玛瑙万种玉。运用俏色的玛瑙通过巧妙的雕刻往往令人耳目一新。在今年春拍中，一件玛瑙巧雕《白菜》估价15～18万元，成交价则达到了22.4万元。该作品使用一块硕大的玛瑙子料为材，精琢而成。匠师巧用材质，在动刀之前，依其形状、色泽俏雕一棵白菜。从整体到局部，逼肖之极，令人叹为观止。在2009年

北京保利的秋拍中，一件玛瑙俏雕《和合二仙寿山福海佩》，估价15～20万元，成交价则达到了26.88万元。这从今年市场现身的一件玛瑙巧雕《笔架山》中可见一斑，其一面为古朴茂盛的苍松，以竹和灵芝作美化；另一面为双鹤争山石，构成笔架山，上有局部俏色，把玩其中，难以释手，该作品最终的成交价为6.72万元。可见"俏色"对于玛瑙雕刻的重要性。

三、绝

为天人合一，使作品源于自然高于自然，源于生活高于生活，使之成为出神入

化的绝品，具有强烈的艺术感染力和震撼力，令人拍案叫绝。玛瑙的雕琢在中国已有7000多年历史，它的技艺、作品的种类，主要分"素活"和"雅活"。而"素活"就是我们所说的绝。"素活"是玉文化中的一个术语，是

四、雅

不仅指作品格调高雅，关键是含有丰富的文化内涵，包括五千年华夏文明和

《传承》

《孔雀》

民族精神，作品还表现出当代人们火热的生活和审美情趣。阜新玛瑙雕刻玉器种类还有如人物、花卉、动物等，相对"素活"来说称之为"雅活"。阜新的"雅活"可用"俏、新、精"三个字高度概括。"俏色"是中国玉雕业中的一个专业名词，阜新玛瑙艺人能把料质上的天然色泽运用得非常巧妙，雕琢出俏色绝品，为世人珍爱。"新"是指艺贵独创，创新是玉雕之魂，阜新的玛瑙雕刻题材新，极富创造性，有强烈的时代感。"精"是指出精品，阜新玛瑙"雅活"在全国处领先地位，在全国玉雕最具权威的"天工奖"大赛中，摘金夺银，硕果累累。

玛瑙工艺品创意独特，构思奇妙，雕刻精细，分人物、鸟兽、花卉、素活、水胆玛瑙制品五大类。作品造型别致，料质纯正，细腻精湛，俏色点缀，惟妙惟肖，栩栩如生，真可谓巧夺天工，令人叫绝。阜新的玛瑙雕刻已达到当今中国玉雕艺术的较高水平。

《崛起》

HANGYEZIXUN

行业资讯

百位玉雕大师签名玉书拍出 35 万

文 / 莹莹

2014 年 5 月 16 日上午 10 点 30 分许，一本名为《新疆和田玉（白玉）子料分等定级标准及图例》的专著在乌鲁木齐市益天洋商务酒店举行盛大首发式。当日，新疆和田玉市场信息联盟宣布，成立全国范围内的和田玉行业慈善基金。

为了给和田玉行业慈善基金筹集善款，该书主编、新疆和田玉市场信息联盟轮值主席马国钦，现场拿出一本由 100 多位玉雕大师和专家签名的《新疆和田玉（白玉）子料分等定级标准及图例》进行拍卖。仅 3 分钟，这本书的拍卖价格就高达 30 万元。最终，中国玉石雕刻大师蒋喜以 35 万元的价格拍得这本"2014 年度业内期待值最高的和田玉行业标准书籍"。

马国钦当场宣布，成立中国和田玉行业慈善基金，并将把当日拍卖所得款项全部用于慈善基金，用来帮助更多需要帮助的人。一位先天失聪的 7 岁小女孩成为和田玉慈善基金首位捐助受益者。

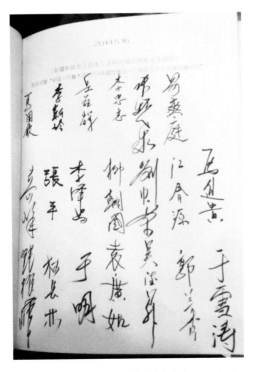

《新疆和田玉（白玉）子料分等定级标准及图例》上的大师签名

《新疆和田玉（白玉）子料分等定级标准及图例》主编马国钦在现场为读者签名

首届和田玉文化发展高峰论坛举办

文/祁苧苓

为将中华玉文化发扬光大，使之迈向更为广阔的世界舞台，2014年5月16日至5月18日，新疆和田玉市场信息联盟交易中心联合新疆职业大学、新疆珠宝玉石首饰行业协会、新疆和田玉文化创意产业园联合举办了"盛世美玉——首届和田玉市场信息联盟和田玉文化发展高峰论坛"。中国玉雕界顶级大师及行业名家100多人参加了此次活动，通过举办论坛构筑起一个高端的和田玉文化交流平台，推动和田玉行业和当代玉文化发展。

在此次论坛中，中国工艺美术大师刘忠荣，中国玉石雕刻大师蒋喜，中国工艺美术大师柳朝国，中国工艺美术大师马进贵，中国地质大学副教授何雪梅，上海宝玉石行业协会副会长钱振峰，新疆和田玉市场信息联盟创始人、轮值主席马国钦等大师及名家以玉为主题进行演讲，为与会者带来了一场精彩纷呈的玉文化饕餮大餐。大师名家令人耳目一新的新观点、新理论、新创意，对新疆乃至全国的和田玉文化产业的繁荣与发展必将产生深远的影响。

首届和田玉文化发展高峰论坛开幕式

第六届"玉龙奖"颁奖盛典精彩落幕

文 / 尚雨

2014 年 5 月 7 日,2014 老庙九天名玉第六届上海"玉龙奖"珠宝玉石评选活动成功落幕。本届"玉龙奖"秉承"新人、新品、新意"和"创作、创新、创造"的宗旨,体现了"创新、探索、价值、责任"的主题,展现出上海宝协对行业前瞻性思考与务实的操作。

本届"玉龙奖"参赛作品,是来自全国各地的优秀宝玉石作品。创作者的创新意识越来越强,注重突出作品的艺术价值和文化价值,涌现出一批形式新颖独特、技艺精湛、内涵丰富的优秀宝玉石精品。

第六届"玉龙奖"最终产生金奖 99 件、银奖 136 件、铜奖 115 件、最佳创意奖 46 件、最佳工艺奖 32 件,以及一批优秀奖。为鼓励进步、促进发展,颁奖典礼上组委会还表彰了 2014 年度价值人物,颁发了追求卓越奖、爱心大使奖、开拓进取奖、双星耀辉奖、领军人物奖、基石伯乐奖和杰出新人奖等。

在第六届上海"玉龙奖"颁奖典礼上,"上海宣言"——《上海宝玉石从业者行为守则》宣布诞生,吴德昇大师带领一批玉雕大师、从业人员上台宣誓,承诺遵守行业行为规范,向社会与行业表明了自己的社会责任和决心。这种率先倡导无疑是本届"玉龙奖"乃至中国宝玉石行业又一大亮点。

玉雕大师们在第六届上海玉龙奖颁奖典礼上宣誓

宋世义大师为梅兰芳纪念馆捐赠玉牌

文 / 子扬

　　在京剧大师梅兰芳诞辰 120 周年之际，中国工艺美术大师宋世义先生实现了自己的夙愿，将亲自制作的梅兰芳大师肖像玉牌赠与了梅大师之子梅葆玖先生。这枚玉牌从选料到设计、画活、雕刻，全部由宋世义大师亲手完成，作品构思缜密，雕琢精湛，生动传神，饱含了宋世义大师对京剧艺术的热爱与对梅兰芳大师的崇敬，也体现了宋大师玉雕艺术创作的新成就，是一件凝聚了万千心意的力作。目前，宋世义大师通过自己的玉雕工作室兼非物质文化遗产玉雕传习所，致力于传承玉雕艺术与打造当代高端玉雕精品。

梅葆玖先生与宋世义大师

新疆和田玉文化创意产业园开园

文 / 卞闻

新疆和田玉文化创意产业园开园剪彩

2014年5月18日，新疆和田玉文化创意产业园开园仪式隆重举行。新疆维吾尔自治区文化厅、财政厅、技术监督局、旅游局等政府部门领导，上海、新疆、扬州、苏州等地的宝玉石行业协会负责人和来自全国各地的100多位玉雕大师参加开园活动。

新疆和田玉文化创意产业园是在自治区各级政府的大力支持下，由新疆职业大学与新疆诚和和田玉文化传播中心共同创办。其占地面积8000平方米，主楼建筑面积4500平方米，集百工坊、产品展示、和田玉文化会所、产业加工、大师工作室、宝玉石专业学校等多种功能为一体。

新疆和田玉文化创意产业园的落成打破了传统的玉器加工和人才培养模式，创建了校企合作的培养人才的创新模式，建立了大师创意与产业加工合作模式，邀请国家级和省级大师入驻，进行和田玉文化研究、新型工艺研发、玉器设计与雕刻。将为新疆的和田玉产业注入新的活力，以精品化设计与加工为主旨，把研究、教学、加工设计能力集中成一个拳头，形成产学研规模效应，为提升新疆和田玉的整体工艺雕刻水平奠定坚实的基础。

稿 约

本书是国内唯一的和田玉专业读物，由业界著名的专家学者领衔指导，和田玉出产地资深专家主办。

本书旨在研究与弘扬和田玉历史文化，探讨市场发展趋势，普及专业知识，沟通行业信息，与读者共同鉴赏古今珍品，力求兼顾"阳春白雪"与"下里巴人"，综合专业人士与社会大众的需要。

欢迎业内专业人士和各界玉友赐稿

本期视界：玉器市场与人物的深度报道

专家新论：业界专家关于玉的理论文章

权威发布：行业或市场重要资讯发布

市场观察：玉器市场动态与风向新观察

大师动态：业界大师创作与艺术活动

业界精英：推介玉界玉雕艺术创作、研究与玉器原料及产品经营精英

名家名品：玉雕大师作品赏析

人物：和田玉文化界与艺术界有影响人士专题文章

品牌故事：介绍玉界著名品牌企业与玉器品牌

创意时代：玉雕创作文章与创意新作赏析

赏玉观璞：珍奇子料与作品赏析

羊脂会：极品羊脂玉赏析

古玉探幽：珍品古玉的鉴赏分析

故道萍踪：玉石之路、丝绸之路沿线与和田玉有关的故事

美玉源：和田玉产地、玉矿与玉种介绍评价

南北茶座：业界观点交流

会员俱乐部：交流平台

他山之美：介绍国内和田玉之外的宝玉石

业内话题：与玉器行业相关的热点话题

品玉论道：作品剖析与文化论述

玉典春秋：历史上有关和田玉的典故、传说

收藏指导：刊登专家对玉器投资收藏的指导文章

名家论玉：大师名家对玉雕作品创作与鉴赏的观点

琳琅心语：有关和田玉的美文与游历记述

名店有约：推荐优秀玉雕作品与名店

藏界观点：玉器收藏市场新观点新动态

辨识与鉴赏：玉石种类和玉器的真假辨识与鉴赏

馆藏珍品：国内外博物馆馆藏玉器珍品欣赏

玉缘会所：玉友心得交流，资讯交流，藏品交流

行业资讯：业内重要活动简况

市场行情：玉器市场原料和产品价格动态

稿件要求：

1. 图文稿件最好为电子版，也可邮寄；

2. 图片稿件要求：效果清晰，文件大小在 1M 以上，介绍、赏析性文字生动、凝练；

3. 稿件请附联系方式，姓名、笔名 *、单位 *、移动电话、固定电话 *、地址、邮编、电子邮箱、QQ*（"*"为自选项）。

《中国和田玉》编辑部

《吉象》

2014 中国工艺美术 "百花奖" 金奖

中国工艺品雕刻高级技师、苏州玉雕新秀仵朋河作品《出水芙蓉》

ISBN 978-7-5140-0538-7

9 787514 005387 >

定价：60.00 元